Ampolletas de Ciencia I

Francisco Guerra Martínez

Consejo Nacional para el
Entendimiento Público de la Ciencia

Colección Filibusteros

Sello Editorial: Consejo Nacional para el Entendimiento
Público de la Ciencia A.C.
13 poniente 302, Centro. Puebla de Zaragoza. 72000.
Cuna de la imprenta libre en América Latina.
info@comprendamos.org

Filibusteros

Ampolletas de ciencia
ISBN: 978-607-9242-07-7
Autor: Francisco de Jesús Guerra Martínez
Prólogo: Miguel Ángel Méndez Rojas
Editor: Ricardo Quit
Fecha de edición: Septiembre de 2019
Primera Edición

Portada: Fragmento de San Jerónimo (San Girolamo),
        Leonello Spada 1610s

Diseño: Alexander O'Madrigal

Ampolletas de Ciencia I

A mis amores: Julián, Sebastián y Laura
A mi madre Isabel, a mi padre Mariano
A mis hermanos Isamari y Mariano

Prólogo

- Verano 2019 -

Vivimos en México tiempos complicados, tiempos en donde un porcentaje importante de la sociedad (casi un 20%, de acuerdo a la Encuesta sobre la Percepción Pública de la Ciencia y la Tecnología en México 2017) no confían en la ciencia y la tecnología y más bien miran hacia la religión y otras creencias cuando buscan explicaciones a los fenómenos que les rodean. Son tiempos complicados puesto que tenemos que enfrentar problemas globales que pueden poner en riesgo no solo nuestro estilo de vida, sino incluso la supervivencia de nuestra especie humana. La crisis del cambio climático nos golpea de formas diversas, no solo por el incremento en la temperatura que en algunas ciudades y zonas del país –y del mundo- ha alcanzado niveles récord (nunca antes registrados históricamente). Enfermedades que habíamos erradicado a través de extensas y exitosas campañas de vacunación, resurgen ante la creencia de que las vacunas no son necesarias y que son, más bien, un negocio de las empresas farmacéuticas. Sociedades de terraplanistas se reúnen en mayor número y con más frecuencia para discutir su posición sobre una Tierra plana y una conspiración internacional para no permitirnos conocer "la verdad". Incluso gobiernos nacionales han decidido dar un giro de 180° a sus políticas científicas para reestructurarlas alrededor de "saberes ancestrales" y "ciencia tradicional", rechazando avances científicos y tecnológicos producto de la investigación en Biotecnología, Medicina Genómica, Nanotecnología y muchas otras áreas, que sin duda impactan positivamente la vida de millones de seres humanos. Los pasos de una "verdad científica" conveniente, que soporte planes e intereses políticos o económicos, se escuchan fuerte en los pasillos de Universidades, centros de investigación y oficinas de gobierno asociadas al apoyo de la investigación científica y tecnológica.

La ciencia y la tecnología, no solo en nuestro país sino también en otras latitudes de América Latina y del mundo, se enfrentan a enormes desafíos y retos: recortes presupuestarios, búsqueda de un control en los temas que pueden o no trabajarse, "nacionalización" de la investigación, congelamiento de plazas, cierre de programas estratégicos, reconfiguración de prioridades. La intromisión de corrientes ideológicas (o el combate al espectro del "neoliberalismo", que parece ser el enemigo a destruir) dentro de las políticas y estrategias de ciencia y tecnología, están generando incertidumbre, principalmente entre la comunidad académica y de investigadores. Pareciera que a la sociedad no le importa: incluso, un sector de la población ve con buenos ojos todos estos cambios. "Es que se la pasaban viajando y no trabajan", "Reciben muchas becas", "No veo los frutos de la ciencia y la tecnología en mi vida cotidiana" y un larguísimo etcétera.

No los culpo: en un país en donde el rezago educativo es una triste realidad, producto de una lucha más política que magisterial, las personas ven limitadamente el impacto e importancia de la investigación y desarrollo científico y tecnológico en sus vidas. Son pocos los programas televisivos, radiofónicos, las revistas o periódicos que dedican unos minutos o unas líneas a este tipo de temas. De entre esas escasas líneas o tiempo, lo rescatable y veraz es todavía mínimo. Es por eso que, en nuestro país – y en el mundo - la divulgación de la ciencia se ha convertido en una actividad no solo necesaria, sino urgente.

Esfuerzos como *"Ampolletas de Ciencia I"* de Francisco Guerra, son bienvenidos y deben ser estimulados. No solo representan una bocanada de aire fresco que rescata la cotidianidad de conceptos y objetos de nuestro día a día que no pueden entenderse si no es a través de un poco de comprensión científica y tecnológica, eso sí, traducidos en un lenguaje atractivo, llano y simple. Francisco nos habla de las impresoras 3D, del peligro de la basura espacial, de las manchas solares y su impacto en las telecomunicaciones, de lo sano de comer insectos, de cómo estamos poniendo en peligro nuestra biodiversidad, de nuestra salud y como conservarla – o perderla. Y vaya que Francisco conoce bien de estos temas. Buena parte de su vida la ha dedicado a compartir, a través de la radio, de la educación y de medios digitales, sus ideas sobre porqué la ciencia y la tecnología deben ser apreciadas por toda persona, con el único fin de poder disfrutar y aprovechar de mejor manera los beneficios que nos ha entregado. Este libro resulta, precisamente, de compilar, editar e incluso reescribir, varios años de historias que Francisco cuenta de una manera peculiar. Historias que, sin duda, en alguna de ellas encontrará el lector una oportunidad para entablar un diálogo personal con el autor, o en donde podrá identificarse con la línea de pensamiento. Tal vez incluso, en otras historias, Francisco genere desavenencias y polémica, y entonces una discusión más profunda y detallada pueda ser necesaria.

Si este libro puede provocarte, aunque sea un poco, moverte el tapete, sacarte de ese espacio cómodo en donde pensamos que todo está bien y que todo lo que habría que saber y descubrir ya está sabido y descubierto, entonces seguramente Francisco se podrá sentir satisfecho. Este no es un libro para leer y dormirse luego. Es un libro que sugiere senderos a recorrer; que te deja con hambre para continuar aprendiendo.

Te invito a sumergirte en su lectura, ojalá y una de estas ampolletas de ciencia tenga la cura a aquella duda que no te dejaba dormir desde hace tiempo. Disfrútalo.

Miguel Ángel Méndez-Rojas
Universidad de las Américas Puebla

Desmenuzando la ciencia

«La ciencia no es sacrosanta.
El mero hecho de que exista, sea admirada y produzca
resultados no basta para hacer de ella norma de excelencia»
Paul Feyerabend

La ciencia es una actividad creada por el ser humano, «ojo». Todas las actividades del ser humano presentan en su desarrollo inconsistencias y equivocaciones, ninguna actividad es perfecta, la ciencia no es la excepción.

La ciencia representa una forma de ver el medio que nos rodea; desde este sentido constituye una actividad similar a las artes, la religión o la música. Cada forma de interpretar el medio representa conocimientos estructurados, cada uno a su modo y con su percepción. Todas son objeto de crítica y ninguna está sujeta a solventar todas las dudas sobre la vida y el propio ser humano, aunque así lo consideren. Todas aportan un modo de entender el mundo.

Sin lugar a dudas la actividad científica, junto a la tecnológica, han permitido el avance de las sociedades humanas; sus aportaciones han generado vacunas, han producido alimentos y un sinfín de productos que han mejorado la calidad de vida.

¿Qué es la ciencia?

La ciencia es un conjunto de conocimientos estructurados, agrupados en teorías, que permiten la generación de otros saberes y que promueven el avance científico; no es simplemente una acumulación de sabiduría, es una transformación y desplazamiento de conocimientos por otro conjunto, esto promueve el desarrollo científico.

¿Cómo es el proceso de investigación científica?

La investigación científica inicia con la observación, el científico se cuestiona cómo ocurren los sucesos a su alrededor. Las interrogantes dependen de la formación y el ramo de la ciencia en la que participa el científico; por ejemplo, física, matemáticas, química, biología, entre otras ciencias exactas, naturales o de otro tipo. Posterior al proceso de observación el científico formula una serie de preguntas y se da a la tarea de resolverlas empleando métodos científicos que validen la investigación frente al resto de los científicos.

Para entender el quehacer, a continuación se describe un proceso cotidiano en la investigación científica. La información generada por los científicos es validada por la comunidad científica (conjunto de científicos). Dicha validación se obtiene por consenso entre una serie de científicos que se dedican al área en cuestión. Un medio importante por el cual se pueden alcanzar los consensos y se divulgan los hallazgos de la ciencia es a través de la publicación de artículos científicos (también llamados artículos originales) en revistas de reconocimiento internacional. Por ejemplo, en cuestión de genética, si un investigador descubre un nuevo método de análisis de la información genética en bacterias, es necesario que el investigador publique sus resultados en alguna revista científica para que sus colegas en el área validen su trabajo y discutan sus resultados. A medida que el nuevo método se emplee entre los científicos del mundo es posible decir que el método ha sido aceptado por la comunidad científica.

¿Solo se hace ciencia mediante el método científico?

Al parecer, para hacer ciencia vasta aplicar el método científico. Sin embargo, un reconocido filósofo de la ciencia, como Paul Feyerabend, argumenta que los métodos en ciencia no deben ser tan estrictos y por el contrario debe existir cabida para las distintas formas de generar conocimientos, por ejemplo la experiencia. En otras palabras su filosofía se resume como sigue: «en ciencia todo se vale».

Cada avance científico está sujeto a la crítica de la comunidad científica. Ninguno de los saberes generados por la ciencia adquiere el estatus de inamovible, todos tienen posibilidad de refutarse, tal como lo menciona Imre Lakatos que mediante la filosofía organizó las formas en las que se ejecuta la ciencia. Lakatos basado en la doctrina del falsacionismo de su maestro Popper reformuló la doctrina hacia un falsacionismo sofisticado, el cual propone que todo conjunto de conocimientos es factible de ser cuestionado y desplazado por otros, de acuerdo a Lakatos este proceso funciona para el desarrollo del conocimiento científico.

¿Qué es un paradigma?

En la actualidad la ciencia ha estructurado sus conocimientos en paradigmas. Paradigma es un término desarrollado por Thomas Kuhn, se entiende como una serie de saberes estructurados y avalados por los científicos (definiéndolo con frialdad); la ciencia se fundamenta en distintos paradigmas que permiten el desarrollo y el avance de la actividad científica. Kuhn considera que el desarrollo de la ciencia se realiza en distintas fases que van desde la estructuración de un paradigma, pasando por la generación de la ciencia normal, una etapa de crisis, una revolución científica y, finalmente, el establecimiento de un nuevo paradigma. La noción de Kuhn del funcionamiento de la ciencia es la más aceptada en la actualidad. La actividad científica se rige bajo los preceptos que dictan los paradigmas dentro de cada área de conocimiento. Por ejemplo, en biología existen cuatro paradigmas: teoría celular, teoría de la evolución, teoría de la herencia y teoría de la homeostasis.

A pesar de sus deficiencias, la ciencia es una actividad que conjuga la dedicación y el ingenio humano para el alcance de nuevos horizontes y el mejoramiento de la condición de vida de los seres vivos. Por lo cual, la ciencia es una de las grandes creaciones humanas, de las personas de ciencia depende su difusión, mejora y crecimiento.

MÉXICO FUTBOLERO... Y SIN CIENCIA

«La gloria es un veneno
que hay que tomar a pequeñas dosis».
Honoré de Balzac

En 2008 Carolina Aranda Cruz, una joven que entonces contaba con 11 años y estudiaba la primaria, fue invitada a ofrecer un discurso en el Congreso Mexicano de Pediatría frente a cientos de pediatras y al entonces secretario de salud de México José Ángel Córdova Villalobos.

En aquella ocasión Carolina fulminó a más de uno con una frase que refleja parte de la problemática nacional con respecto a ciencia y tecnología. La frase es una modificación a lo que Porfirio Díaz, en 1909, expuso: «Pobre México, tan lejos de Dios y tan cerca de los Estados Unidos». Con algunos cambios Carolina mencionó: «Pobre México nuestro, tan cerca del fútbol y tan lejos de la ciencia». Con esa crudeza terminó en aquella ocasión el discurso de Carolina.

La verdad es que nadie se alebrestó ni mostró el mínimo interés por el tema. Pasados algunos años, la situación sigue igual de deplorable para la ciencia. Por el contrario, los recursos económicos se han visto disminuidos en el país.

Posterior a aquel discurso, pocos recapacitaron, y sí se modificaron algunas formas de administración. Lo lamentable para el desarrollo nacional es que fue en el fútbol que se pusieron manos a la obra y no en el apoyo a la ciencia. La Federación Mexicana de Fútbol (FEMEXFUT) decidió dirigir recursos económicos en la organización de torneos Sub-20, Sub-17 y Sub-15; estos torneos se realizan de forma simultánea a las competencias de primera división profesional en México y promueven la competitividad entre jóvenes futbolistas profesionales. La decisión de realizar estas competencias fue formalizada en vista de lo pésimo que es, ¿o era?, el fútbol mexicano, participante en gran cantidad de torneos internacionales y siempre con los mismos resultados tormentosos para la afición.

Hoy, no es ninguna casualidad que se ganen torneos por aquí o medallas por allá, lo que sucede es que hay inversión y preparación a nivel de selecciones menores. Lo anterior ha producido resultados positivos en el fútbol: el bicampeonato mundial Sub-17, el tercer lugar en el mundial Sub-20, ganadores de una serie de competencias internacionales en selecciones menores, así como la medalla de oro en los Juegos Olímpicos Londres 2012.

Los resultados en fútbol son producto de la inversión económica. Es cierto, el fútbol se maneja con inversión privada, en cambio la ciencia es promovida, al menos en México, fundamentalmente, por inversión gubernamental. Sin embargo, ante la incapacidad del gobierno y la ineficacia del sistema político-económico para apoyar la actividad científica y apuntalar al país al desarrollo tecnológico, deben tomarse medidas apresuradamente ¿acaso la ciencia no tiene la capacidad de ofrecer un marco de actividades que promuevan beneficios económicos para sectores privados? ¡Claro que la tiene! Esa característica y muchas otras nos ofrece la ciencia para el desarrollo nacional.

La ciencia en México está estancada, para muestra, son pocas las instituciones académicas que sobresalen por su elevada producción científica y tecnológica, casualmente, son las que reciben año con año los mayores apoyos económicos, por lo que son las que entregan los mejores resultados a nivel nacional y que, incluso, compiten con instituciones extranjeras en distintos ámbitos científicos.

Realmente la ciencia en México está más devaluada que cualquier programa televisivo. A nivel nacional al científico se le reconoce, hasta se le admira, pero drásticamente no se le apoya, tal vez por esto último es tan admirado, por hacer mucho con poco. El científico mexicano se encuentra en aislamiento, prácticamente debe ajustarse a escasos presupuestos para obtener los resultados que en otros países, donde existen mayores recursos, se obtienen en menor tiempo.

Las entidades gubernamentales mantienen e incluso disminuyen el porcentaje de asignación presupuestal a la ciencia en México, no obstante de que el Producto Interno Bruto (PIB) aumenta cada vez más. Por ejemplo, entre los años 2006 y 2014 el porcentaje del PIB que México destinó a la ciencia y la tecnología fue el siguiente: 0.38%, 0.37%, 0.41%, 0.44%, 0.46%, 0.43%, 0.43%, 0.45%, 0.54%, respectivamente. De estos porcentajes se ejerció aproximadamente el 78% en gasto corriente (sueldos y papelería) y el resto se aplicó realmente al desarrollo de la ciencia, la tecnología y la innovación. Al terminar el 2015 se pronostica una inversión de 0.56% del PIB mexicano para ciencia. El compromiso gubernamental al final del sexenio 2012-2018 es destinar el 1% del PIB para el crecimiento científico.

A nivel mundial se considera la necesidad de que cada país invierta en su desarrollo científico y tecnológico, los países que no realizan dicha inversión están condenados a ser importadores de tecnologías. Sin lugar a dudas, el avance de la nación está en función del apoyo, desarrollo y crecimiento de la ciencia y la tecnología. ¿Qué esperamos para apuntalar a la ciencia?

GRAVEDAD
EL ESPACIO DESDE LA BUTACA DEL CINE

«Existe algo más importante que la lógica: la imaginación».
Alfred Hitchcock

Desde el inicio Gravedad (Gravity) nos traslada al espacio y nos convierte en partícipes de una historia que nos atrapa y nos lleva a percibir la gravedad de la mano de Sandra Bullock (protagonista) y George

Clooney (co-protagonista). Por momentos tenemos la sensación de caer al infinito y perdernos en la inmensidad del Espacio. Muchas son las impresiones encarnadas con la película Gravedad.

Un guión sencillo

La película centra su guión en una problemática también abordada en este libro, la basura espacial. Resulta que la Agencia Espacial Federal Rusa (FKA, por sus siglas en ruso) ordena la destrucción de uno de sus satélites que ha caído en desuso, pero, ¡oh problema! Los restos del satélite destruido producen basura espacial que colisiona descontroladamente con otros restos en el espacio y genera, a su vez, miles de restos espaciales que giran sin control alrededor del planeta Tierra. Algo totalmente posible.

Los objetos espaciales que actualmente orbitan alrededor del planeta pueden alcanzar velocidades de hasta 30 mil km/hr. Dichos objetos pueden impactar a cualquier otro objeto (p. Ej. Un satélite en funcionamiento) y generar una ola de destrucción e interferencia en las telecomunicaciones en el planeta.

La película relata una misión de la Administración Nacional de la Aeronáutica y del Espacio (NASA, por sus siglas en inglés) en la cual durante una operación de rutina la misión se ve interrumpida, bruscamente, por una lluvia de basura espacial que impacta a grandes velocidades la nave de la misión.

Los errores técnico-científicos de la película

Uno de los principales críticos de la película Gravedad es el astrofísico Neil deGrasse Tyson quien percibió muchos detalles técnicos en la realización, los cuales son dignos de comentar. Por ejemplo, cuestiona por qué en la recreación de la gravedad cero los cabellos de Sandra Bullock (protagonista) no flotan libremente, puesto que deberían hacerlo.

Otro detalle (o error técnico-científico) que resalta el astrofísico es: la mayoría de los satélites orbitan la Tierra de oeste a este y la basura espacial orbita, en la película, de este a oeste (cosa que de ser real aumentaría la probabilidad de más colisiones). No obstante, siendo que la mayoría de los satélites orbitan de oeste a este, existen algunos que tienen una órbita contraria. Por ejemplo, en una de las primeras colisiones entre satélites en uso (dos satélites intactos y en órbita de la Tierra): Iridium 33 (Consorcio Iridium) y Cosmos 2251 (para uso militar ruso) las trayectorias coincidieron y colisionaron, esto quiere decir que alguno de los dos satélites presentaba una trayectoria ligeramente de este a oeste (contraria a la mayoría de las órbitas) lo cual permitió el impacto.

El astrofísico, también, resalta la altitud en la que se encuentran el telescopio espacial Hubble, la Estación Espacial Internacional (ISS) y la estación espacial China. En realidad resulta imposible que se puedan percibir en un mismo plano, pues cada uno de estos elementos difiere en altitud, el Hubble y la ISS se encuentran en la órbita terrestre baja (LEO; por sus siglas en inglés Low Earth Orbit), la Estación Espacial Internacional a 364 km de altitud y el telescopio Hubble a 600 km de altitud; lo que significa que no se podrían ver en el mismo plano tal como lo muestra la película. Este punto toca lo minucioso de la crítica, sin embargo, son detalles que pueden promover la excelencia de futuras cintas basadas en ciencia.

La película ha recibido demasiadas críticas y halagos. Sin duda, debe apreciarse como una emocionante realización para poner a prueba nuestros sentidos, e incluso como un argumento para reflexionar sobre la problemática de la basura espacial que orbita el planeta. A pesar de los detalles técnicos de la obra (que en realidad no le quitan para nada lo impresionante), la película fue galardonada con 7 premios Óscar, lo cual delata su adecuada realización.

LA CIENCIA DE LOS SERES MITOLÓGICOS
VAMPIROS

«La venganza es mejor cuando la sangre está aún caliente».
Anónimo

Uno de los seres mitológicos más conocidos en la cultura popular de muchos países son los vampiros. Una de las características por las que son famosos es por el no tan común hábito de alimentarse de sangre, algo que se denomina como hematofagia.

Lo que me trae a platicar sobre los vampiros son las enfermedades, reales, que proporcionan características vampíricas a quienes las presentan.

No puedo salir a la luz

Es sabido que los vampiros son pálidos y su piel no soporta la luz del sol debido a que pueden sufrir heridas graves al contacto, además, presentan unos colmillos considerables por medio de los cuales desgarran a sus víctimas y se alimentan de su sangre para sobrevivir. En la realidad existen enfermedades que se asemejan a las características de los vampiros. Por ejemplo, la Porfiria Eritropoyética Congénita (PEC) es una enfermedad hereditaria caracterizada por un aumento en la producción de porfirinas (p. ej. Hemoglobina: da el color rojo a la sangre y transporta el oxígeno) en la médula ósea y una posterior acumulación en el cuerpo. La PEC es una enfermedad extremadamente rara, se dice que la presenta 1 persona de cada 2 a 3 millones. Las personas con la enfermedad pueden no presentar todas las características.

Entre los síntomas de la PEC están la emisión de orina roja, debido al alto contenido de porfirinas; asimismo, la piel del paciente con PEC cuenta con demasiada sensibilidad a la luz, especialmente a la luz del sol directa, en menor grado, a la luz artificial intensa, lo que le provoca ulceraciones al contacto con esta. En ocasiones los ojos también pueden ser sensibles a la luz, solar o artificial. Otra característica de rasgos vampíricos otorgada por la PEC es la anemia (hemoglobina baja), la cual se desarrolla debido a que las porfirinas dañan algunos eritrocitos (glóbulos rojos), que son destruidos por el bazo. La anemia provoca palidez de la piel, tal como en los vampiros. En los niños, los dientes, especialmente los de leche, presentan una coloración rojiza debido a las porfirinas.

Colmillos pronunciados

Y qué decir sobre los colmillos vampíricos. Un conjunto de enfermedades denominadas Displasias Ectodérmicas (DE) provocan un desarrollo anormal de los tejidos derivados del ectodermo que son los siguientes: piel, pelo, uñas, dientes y glándulas sudoríparas ecrinas. Estas enfermedades podrían generar mal formaciones en los dientes, tal situación permite la presencia de filosos colmillos de apariencia vampírica. Cuando se visualizan las imágenes de pacientes con DE los síntomas que presentan parecen fantasiosos, sin embargo, la realidad es que existen diversos casos clínicos con los rasgos aquí planteados.

¡A comer moronga!

Como es conocido, los vampiros necesitan una estricta dieta hematofágica (alimentarse de sangre), preferiblemente de humano. Aunque el ser humano no come humano; en el papel, no estamos tan alejados de una dieta vampírica, pues, quién no ha probado una buena moronga, muy habitual en todo el mundo aunque con otros nombres. En muchos países se preparan diversos platillos basados en sangre para elaborar deliciosos alimentos. Así que muy alejados de dietas vampíricas no estamos.

Por su puesto, la probabilidad de que una persona en el transcurso de la humanidad haya presentado simultáneamente estas enfermedades es muy baja, sin embargo es latente la opción. Pudo existir un vampiro.

NAHUALES Y HOMBRES LOBO

«Nagual es la pronunciación arcaica y popular del término nahualli o nahual, perteneciente a la lengua náhuatl, de origen prehispánico, derivado de la raíz nau, doble. Nagual significa doble o proyectado».

Existen enfermedades asociadas a la existencia de nahuales (como se les conoce en México) y hombres lobo, la teriantropía y la hipertricosis, respectivamente. La primera, derivada del griego *therion*, que significa bestia, y *anthropos*, que significa hombre. La teriantropía es la creencia de convertirse de humano en animal y viceversa. Mientras que la hipertricosis es una enfermedad caracterizada por el crecimiento excesivo de pelo en lugares del cuerpo donde no debería crecer (p. ej. Toda la cara).

Me voy a transformar en lobo
Ahondando en estas enfermedades, la forma más conocida de teriantropía es la licantropía (del griego *lycos* que significa lobo y *anthropos* que significa hombre) considerada como la creencia de convertirse de hombre a lobo y viceversa. No obstante que la definición de licantropía muestra únicamente un cambio de hombre a lobo, es común emplear el término clínicamente (ocurrido en la mente del paciente) cuando el paciente presenta sintomatología que indique la transformación en cualquier otro animal.

En cada cultura existen relaciones licantrópicas, por ejemplo, los nativos norteamericanos aseguran su conversión en osos; la mitología china manifiesta la existencia de un perro con cabeza humana; en India la conversión se da a tigres; en México se han escuchado casos de conversión en cerdos salvajes. Aquí salen a escena los muy famosos nahuales.

La licantropía clínica es una condición psiquiátrica en la que el paciente se siente capaz, y considera posible, realizarse una transformación física, completa o parcial, a un animal. Entre las variantes de este síndrome se encuentran el de creer que otra persona se convierte en animal o adoptar comportamientos de determinado animal.

Así que, esta es la forma en la que la ciencia explica las creencias de nuestros ancestros sobre la existencia de nahuales. ¿Qué opina?

Por su parte, la hipertricosis es conocida como el síndrome del hombre lobo, es una enfermedad caracterizada por la presencia de pelo en cualquier parte del cuerpo. Hace referencia a la densidad o longitud del pelo más allá de lo normal, de acuerdo a la raza, sexo y edad. La hipertricosis puede ser generalizada o localizada y el pelo puede ser lanugo, vello o pelo terminal.

Una mujer lobo

Es imposible hablar de hipertricosis y no citar a Julia Pastrana, una mujer mexicana, nacida en 1834, que contaba con hipertricosis generalizada congénita terminal y además hiperplasia gingival que le hacía presentar una mandíbula con apariencia de mono. Sus restos volvieron a México en 2013. La mujer-mono, como la llamaban, fue un caso excepcional que incluso Charles Darwin en su libro *The Variation of Animals and*

Plants Under Domestication, vol. II se expresó de ella de la siguiente forma: «Julia Pastrana, una bailarina española, era una mujer extraordinariamente fina, pero tenía una gruesa barba y frente velluda. Fue fotografiada y su piel puesta en exhibición. Pero lo que nos concierne es que tenía en ambas quijadas, superior e inferior, una irregular doble hilera de dientes. Una hilera colocada dentro de la otra, de lo cual el doctor Purland tomó una muestra. Debido al exceso de dientes, su boca se proyectaba y su cara tenía la apariencia de la de un gorila».

¿QUÉ IMPRIME UNA IMPRESORA 3D?

«Las máquinas me sorprenden
con mucha frecuencia».
Alan Turing

En estos tiempos los avances tecnológicos en impresión 3D nos muestran un panorama ilimitado de cosas por hacer, las capacidades que tiene la tecnología de impresión 3D son increíbles; lo mismo se imprime el cartílago natural de una oreja (el cartílago es un tejido conectivo presente en orejas, nariz y articulaciones) o un automóvil deportivo.

Historia de la impresión en 3D
La impresión 3D no es una tecnología nueva, aunque lo parezca, la impresión 3D se comenzó a desarrollar en

1983, el investigador que se encargó de desarrollar e implementar esta tecnología fue Chuck Hullel, él fue quien estableció el formato digital (formato denominado STL) usado en la actualidad para generar los modelos 3D a imprimir; Hullel fundó, en 1983, 3DSystems, una de las compañías más grandes y pioneras en la tecnología de impresión 3D. Años después, en 1989, nació otra de las empresas sobresalientes en el ramo de la impresión 3D; liderada por Scott Crump surgió Stratasys, que junto a 3DSystems, en la actualidad acaparan el 90% del mercado en impresión 3D profesional.

Tiempo después, en 1992, Stratasys comienza una etapa de comercialización masiva de las impresoras 3D; las primeras empresas en emplear la tecnología de impresión 3D y aprovechar las ventajas que ofrecía, en ese entonces, fueron las empresas automotrices.

Pero, ¿a qué se debe que hoy en día la impresión 3D se encuentre en reciente expansión y en boca de todos? Se debe a que todas las patentes de impresión 3D han vencido y con ello se ha liberado la fabricación de las mismas y las aplicaciones han aumentado en diversas áreas.

Todos llevamos un artesano dentro
¿Y si hubiera forma de plasmar todas las obras amorfas que llevamos en la cabeza? En realidad sí hay forma, en la actualidad ya existe la impresión 3D en cerámica (o en yeso), el aparato que puede producir tales objetos es la impresora en 3D CeraJet, desarrollada por 3DSystems. Cualquier objeto plasmado en formato digital puede ser materializado mediante la impresión

en cerámica. Un aparato de este tipo oscila entre 30 y 60 mil dólares para los que deseen iniciarse en el mundo de la impresión profesional.

¿Me imprimes un chocolate?

Otros productos que se pueden imprimir en 3D, aunque parezca increíble, son los alimentos, la tecnología ya se encuentra desarrollada y actualmente presenta un sin número de aplicaciones. La impresora que materializa los alimentos, desde un formato digital, es una impresora denominada ChefJet, donde todo el material impreso es completamente comestible; recientemente se han impreso dulces de diversos colores y formas.

Imprimiendo metales

Otra de las aplicaciones en impresión 3D es la impresión de metales como aluminio, titanio, entre otros materiales metálicos; esta tecnología no requiere de la fundición de los materiales empleados. Las aplicaciones recientes de este tipo de impresiones se han dado en el área médica, en la cual se han desarrollado prótesis hechas a la medida de los requerimientos de cada paciente.

El futuro de la impresión 3D

Con respecto al futuro de la impresión 3D, actualmente se están desarrollando diversos prototipos para la elaboración de objetos a gran escala y de gran tamaño, por ejemplo, existen proyectos referentes a la construcción de casas de forma masiva; la era de las casas impresas en 3D ha llegado, los prototipos permiten que las impresoras inyecten concreto y armen las edificaciones tal como lo indica el modelo digital. Esta tecnología ya se ha aplicado en la elaboración de casas de 50 m^2 en China, dichas casas se concluyen en una semana, aproximadamente. Cualquier modelo de casa que se encuentre en nuestras mentes la podremos llevar a la realidad en algunos años.

Otra aplicación que se encuentra en desarrollo es la impresión de aparatos complejos como vehículos, compañías como Stratasys se han adelantado con estas innovaciones y han impreso diversas partes (carrocería, faros) de un vehículo con sus propias impresoras 3D.

El nacimiento de la impresión 4D

Finalmente, en esta era de la impresión, comienza a salir a la luz la impresión 4D, la cual propone diseñar prototipos auto-ensamblables. El principio consiste, para ejemplificar esta tecnología, en introducir en un tubo un producto, que potencialmente podría ser una silla, una vez retirado de este recipiente que lo contiene, se le pone en contacto con agua y, con ello, el producto se auto-ensambla. Estos prototipos presentan una proteína que al reaccionar con el agua adopta la forma indicada. El desarrollo está a cargo del MIT (Instituto Tecnológico de Massachusetts). Para los seguidores de la famosa serie *Dragon Ball* inmediatamente les vendrá a la mente, como a mí, que una de las máximas tecnologías de la Corporación Cápsula de la familia de Bulma era esta característica de almacenar grandes objetos (p. Ej. Un helicóptero) en cápsulas; sin duda, aquí se encuentra parte de la inspiración de la tecnología 4D. Pero bueno, termino esta nota y los dejo para que puedan ir a imprimir sus sagrados alimentos.

ALZHEIMER: LA MUERTE EN VIDA

«No me borres de tu vida… no tengo la culpa de esta enfermedad. No dejes de amarme, aún después de que yo ya no pueda decírtelo y me creas ausente, estoy vivo/a, aquí sigo… mírame, háblame, no me dejes solo/a…».
Paciente anónimo con Alzheimer

El 21 de septiembre se conmemora el Día Mundial del Alzheimer, la Organización Mundial de la Salud (OMS) y la Asociación Internacional de Alzheimer se encargaron de elegir esta fecha. Para los que se preguntan, ¿por qué conmemorar o recordar fechas como esta? La respuesta es sencilla y sumamente importante, es necesario difundir el conocimiento de la enfermedad y sensibilizarnos sobre sus consecuencias.

¿Qué es el Alzheimer?
El Alzheimer es una enfermedad neurodegenerativa descrita formalmente en 1906 por el Dr. Alois Alzheimer, quien se percató de ciertos cambios en los tejidos del cerebro de una mujer que había muerto de una, entonces extraña, enfermedad mental. Al estudiar el cerebro de la mujer descubrió diversas masas anormales, actualmente conocidas como las placas amiloideas y los ovillos o nudos neurofibrilares, los cuales son dos de las características principales de esta enfermedad. Otra característica es la pérdida de conexiones entre células nerviosas y el cerebro. Se considera que con la enfermedad se desconectan áreas del cerebro que están relacionadas en condiciones normales.

El Alzheimer es la principal causa de demencia (pérdida de capacidades mentales) en las personas mayores. La demencia interviene con las actividades diarias del adulto mayor pues afecta su capacidad de pensar, razonar y recordar.

¿Cuáles son las etapas de la enfermedad?

La enfermedad de Alzheimer progresa lentamente. Se caracterizan tres etapas: en la primera etapa existen fallas de memoria (deterioro en la memoria reciente, remota, inmediata, verbal, visual, episódica y semántica); en la segunda aparecen la afasia (deterioro en funciones de comprensión, denominación, fluencia y lectoescritura), apraxias (incapacidad de realizar movimiento de propósito) y agnosia (falta de ubicación espacial y alteración perceptiva); finalmente, en la tercera etapa el paciente entra en total incapacidad y permanece en cama. Los síntomas no aparecen al mismo tiempo, progresiva y lentamente, van ocurriendo en el transcurso de la enfermedad. El promedio de vida de una persona con Alzheimer es de 7 a 8 años, aunque se conocen casos en los que viven aproximadamente desde 4 hasta 15 años.

¿Cuáles son los síntomas del Alzheimer?

Los síntomas más comunes del Alzheimer son: pérdida de memoria, dificultad para desempeñar tareas habituales, problemas de lenguaje, desorientación de tiempo y lugar, falta del buen juicio, dificultades para realizar tareas mentales, colocación de objetos fuera de lugar, cambios de humor o comportamiento, cambios en la personalidad y pérdida de iniciativa.

¿A qué edad aparece el Alzheimer?

Los expertos en el tema mencionan que la enfermedad afecta, aproximadamente, a la mitad de personas mayores de 85 años, entre 15 y 20% de personas mayores de 80 años, entre 3 y 5% de personas mayores de 70 años, entre 1 y 2% de personas mayores de 60 años y de forma inusual llega a presentarse antes de los 50 años. Las mujeres son más propensas a presentar la enfermedad debido a que alcanzan edades más avanzadas que los hombres, por lo que las probabilidades de presencia aumentan.

Posibles curas del Alzheimer

Se sabe que la administración de estrógenos (en la mujer post-menopáusica normal), antinflamatorios, antioxidantes y el *Gingko biloba* colaboran en retrasar la aparición de la enfermedad. Una vez aparecida la enfermedad las vitaminas B12, B6 y el ácido fólico mantienen las funciones cognitivas. El riesgo de presentar la enfermedad o la opción de retrasar la misma disminuyen al llevar una vida activa a nivel intelectual, realizar actividad física constante y mantener en un buen estado general. La presión arterial alta por mucho tiempo y antecedentes de traumatismo craneal son factores que elevan el riesgo de presentar la enfermedad.

Una importante línea de investigación en la que se debe invertir es identificar las posibles interacciones entre los efectos del envejecimiento normal y la enfermedad de Alzheimer, ya que existe relación entre la llegada de la vejez y la posibilidad de presentar la enfermedad.

En la actualidad no existe una cura para la enfermedad, los tratamientos consisten en disminuir los efectos en pacientes, lo cual busca modificar, y tratar de normalizar, su vida diaria hasta donde sea posible. Es imprescindible el apoyo de los integrantes de la familia y especialistas en el tema. Debemos cuidar de quien por tantos años procuró nuestro bienestar.

LOS BENEFICIOS DEL CAFÉ:
PREVIENE CIERTO TIPO DE CÁNCER Y DIABETES

«Yo he medido mi vida en cucharitas del café».
T.S. Eliot

Posiblemente en lo que ojea el presente artículo se encuentra degustando de un buen café. Probablemente, para leer mejor, tuvo que terminárselo antes de empezar la lectura. No lo sé. Lo que sí, el café es, después del agua, la bebida más consumida diariamente a nivel mundial.

¿En dónde se descubrió el café?
La historia del café menciona que fue descubierto en Etiopía, en el siglo VIII, por un joven llamado Kaldi, esto sucedió al percatarse que sus cabras se atolondraron después de haber ingerido unos frutos rojos y carnosos de un arbusto desconocido. En la actualidad los estudios genómicos nos ayudan a dilucidar que los

orígenes del café se encuentran en Baja Guinea, una región ubicada en África Central Atlántica, según reporta el investigador Francois Anthony y sus colaboradores en un artículo publicado en 2010 por la revista Plant Systematics and Evolution.

Algunos componentes del café

El café cuenta con cientos de componentes y el más popular es la cafeína. Sin embargo, existen otros elementos como el cafestol, el kahweol, el ácido clorogénico, entre muchos más a los que se les atribuyen propiedades antioxidantes. Además, contiene una serie de micronutrientes como el magnesio, potasio, niacina, trigenolina, tocoferoles, entre otros, a los cuales también se les ha atribuido, con mayor o menor impacto, efectos benéficos a la salud.

Investigaciones encuentran relaciones positivas por consumo de café

El consumo de café se ha relacionado positivamente con la salud cardiovascular, la diabetes tipo 2, la tolerancia a la glucosa, la sensibilidad a la insulina, el daño hepático debido a la cirrosis y el carcinoma hepático, entre muchas otras correlaciones.

Recientes investigaciones han encontrado que el incremento en el consumo del café reduce los niveles de glucosa en la sangre. También, el consumo moderado de café (de tres a cuatro tazas al día) reduce el riesgo de presentar diabetes de tipo 2. Esta asociación no está en función de razas, géneros o distribución geográfica de las poblaciones estudiadas. Los datos analizados manifiestan que el consumo de cuatro o más tazas de café al día corresponde a una reducción del riesgo de presentar diabetes de tipo 2 hasta en un 35% de acuerdo a datos publicados en 2012 por la revista Nutrition Reviews.

Por otro lado, la cafeína puede aumentar los niveles plasmáticos de hormonas relacionadas al estrés como la adrenalina, noradrenalina y el cortisol, por lo cual podría esperarse un efecto hipertensivo derivado del consumo de café. No obstante, la secreción de las hormonas del estrés estimuladas por la cafeína el café no promueve la hipertensión debido a que los antioxidantes contrarrestan la hipertensión. Qué le parece escuchar que los beneficios del café no son proporcionados por el contenido de cafeína sino por los antioxidantes que presenta.

Por otro lado, en 2007 la revista European Journal of Clinical Nutrition publicó que el café reduce el deterioro cognitivo de hombres en edad avanzada. El estudio muestra una relación «J», es decir, consumir una taza de café no ayuda ni empeora el estado de salud, mientras que consumir tres o cuatro tazas de café al día ayuda a disminuir el deterioro cognitivo. Por el contrario, consumir más de cuatro tazas al día puede resultar negativo para la salud.

Por su parte, la revista Nutrition and Cancer divulgó en 2010 un estudio recopilatorio en el que muestra que el consumo de café presenta una asociación de protección frente al cáncer hepático y endometrial. Esta relación es más ligera para el cáncer colorectal, sin embargo, el café presenta un efecto de protección ante estos tipos de cáncer.

En 2011 el Journal of the National Cancer Institute publicó que los hombres que consumen café pueden disminuir el riesgo de presentar cáncer de próstata.

En octubre de 2012 la revista Integrative Medicine Alert informó que el consumo de café esta inversamente relacionado a la mortalidad, a mayor consumo de café menor mortalidad. El estudio menciona que es necesario realizar más estudios para profundizar en el tema.

En la actualidad los estudios realizados no logran dilucidar qué tipo de café es el más benéfico para la salud o en qué forma de preparación resulta mejor. Lo que queda claro es que se están encontrando relaciones positivas entre el consumo de café y la prevención de ciertas enfermedades.

Pero bueno, en lo que son peras o manzanas, al parecer ya va siendo hora de otro cafecito.

RIÑONES ARTIFICIALES
Y HOSPITALES DEL FUTURO

«Si lo puedes imaginar
lo puedes lograr.
Si lo puedes imaginar
lo puedes crear».
Albert Einstein

Probablemente en el año 2258 los hospitales y centros médicos tendrán sistemas automatizados para generar órganos a la medida. Los médicos regenerativos (especialistas en medicina regenerativa) tendrán la posibilidad de ordenar (como actualmente se hace en la comida rápida) un pedido de órganos con tales y cuales características para cada paciente que ingrese al hospital con algún problema vital. Diariamente los sistemas automatizados de generación de órganos cubrirán la demanda (al menos en los países desarrollados) de pacientes que día a día se darán cita para que les realicen trasplantes de hígado, riñón, corazón, tráquea o vejiga. Esto quebrará el mercado negro de tráfico de órganos en el mundo y...

Bueno, aunque en realidad este es un relato de ciencia ficción, se espera que esta situación se dé tarde o temprano, tal vez más temprano que tarde. Lo que sí, lo siguiente representa un gran paso en ciencias biológicas y de la salud.

El primer riñón artificial

Un estudio publicado en Nature Medicine informó que un equipo del Hospital General de Massachusetts en Estados Unidos, dirigido por Harald Ott, construyó un riñón artificial que funcionó parcialmente al ser trasplantado a una rata. El riñón artificial logró la producción de orina (recordar que la función de los riñones es filtrar la sangre y eliminar los desechos del organismo a través de la orina), aunque el funcionamiento del riñón fue limitado (18%) en comparación con un riñón natural, las pruebas en laboratorio mostraron un funcionamiento de hasta 23%.

¿Cómo fue la primera producción de un riñón artificial?

La mecánica para la producción del riñón artificial consiste en utilizar un riñón viejo y quitarle todas sus células viejas para dejar solo la estructura y reconstruir el riñón a partir de células del paciente. La cubierta del riñón se elabora a partir de colágeno, la red de vasos sanguíneos y conductos de filtro se limpia de células viejas del riñón natural y se agregan otras células del paciente. Posterior a esto, el riñón artificial se guarda durante doce días en un horno que simula las condiciones del cuerpo de una rata.

Los investigadores reconocen el elevado potencial clínico de esta técnica y afirman que hace falta mucha investigación para lograr perfeccionarla y aplicarla en seres humanos. Martin Birchall, un cirujano de la University College London, asegura que estas técnicas podrían revolucionar la medicina. Birchall está involucrado con trasplantes de tráquea con técnicas similares.

Es necesario recordar que los riñones son los órganos de mayor demanda para trasplantes en todo el mundo. Los investigadores afirman que tan solo en Estados Unidos existen 100,000 pacientes en lista de espera para un trasplante de riñón, desgraciadamente para ellos y sus familias solamente se realizan 18,000 trasplantes al año. Esta es la razón por la que se ha generado un encarnizado y devastador tráfico de órganos en el mercado negro alrededor del mundo, pero esto último es harina de otro costal.

TODO LO QUE DEBE SABER SOBRE EL CÁNCER DE MAMA Y NO SE ATREVE A PREGUNTAR

«Lo más importante en la enfermedad, es no desanimarse».
Anónimo

El cuerpo humano cuenta con millones de células. Cada tipo de célula cumple una función. Todas las células se reproducen, dividen y mueren de forma regulada por el mismo cuerpo, sin embargo existen casos en los que algunas de nuestras células crecen de manera descontrolada y provocan el origen de un cáncer.

¿Qué es el cáncer?
El cáncer es un crecimiento anormal de algunas células del cuerpo; es producto de una serie de mutaciones en las mismas células, cada mutación puede ser causada por diversos factores del exterior y las diversas mutaciones pueden culminar en un cáncer.

Factores de riesgo de cáncer
Los factores de riesgo que originan mutaciones y que a su vez provocan un cáncer se basan principalmente en los incorrectos hábitos alimenticios y, en ocasiones, coinciden con la predisposición genética (herencia) con la que cuenta una persona para presentar cierto tipo cáncer. La probabilidad de presentar cáncer aumenta con la edad, posiblemente, por la acumulación de factores de riesgo a lo largo de la vida. Entre los principales factores que pueden ocasionar cáncer se encuentran los siguientes: el consumo de alcohol y tabaco, la alimentación con alta densidad energética, el alto contenido de grasas de origen animal, los alimentos industrializados, el deficiente consumo de vitaminas y minerales (frutas y verduras) y la inactividad física.

Síntomas de una posible presencia de cáncer
A pesar de que cada cáncer presenta síntomas específicos es posible mencionar una sintomatología general que puede delatar la presencia de un cáncer. Entre los principales indicios se encuentran los siguientes: fiebres inexplicables, fatiga, pérdida de peso, debilidad y mareos, en conjunto los síntomas ocasionan un malestar generalizado.

Una vez que el cáncer ha invadido otros órganos, es decir, sale del órgano en el que se originó, se da un proceso conocido como metástasis, en este punto las probabilidades de sobrevivencia son prácticamente nulas.

En fin, ya que comentamos las características generales del cáncer, adentrémonos en el cáncer de mama (o de seno) mediante una serie de preguntas y respuestas que nos aclararán el panorama sobre este particular tipo de cáncer.

¿Es probable que padezca cáncer si mi madre o abuela lo padecieron?
Sí, es altamente probable padecer cáncer en caso de que un familiar de primer grado (madre, hermana, hija) lo padezca o la haya padecido.

¿Todas las protuberancias que aparecen en el seno pueden ser cáncer?
No. Algunas protuberancias son benignas, por lo que no son cancerosas, sin embargo se debe descartar cualquier peligro mediante biopsias. Entre las protuberancias benignas que pueden aparecer en los senos se encuentran: (1) fibrosis; (2) quistes; (3) fibroadenomas; y (4) papilomas intraductales.

¿Se puede salvar una persona a la que se le ha detectado cáncer de mama?
Sí. Mientras más rápido se detecte el cáncer, mayor será la probabilidad de curarse y salvar su vida.

¿Tener hijos disminuye la probabilidad de presentar cáncer de mama?

Sí. Las mujeres jóvenes que tienen hijos tienen menor probabilidad de presentar cáncer que las mujeres que no tuvieron hijos o que tuvieron hijos después de los 35 años. Los embarazos múltiples reducen el riesgo de cáncer de mama.

¿Los anticonceptivos aumentan el riesgo de presentar cáncer?

Sí. Estudios han reportado que las mujeres que emplean anticonceptivos orales tienen un mayor riesgo de presentar cáncer de mama en comparación con aquellas mujeres que no los usan.

¿La lactancia disminuye el riesgo de presentar cáncer de mama?

Sí. Algunos estudios sugieren que la lactancia prolongada (1½ a 2 años) puede disminuir ligeramente el riesgo de presentar el cáncer.

¿El consumo de alcohol afecta la probabilidad de presentar cáncer?

Sí. El consumo de alcohol no solo afecta la probabilidad de presentar cáncer de mama, además se ha reportado que aumenta la probabilidad de presentar otros tipos de cáncer en el cuerpo.

¿La actividad física ayuda a disminuir el riesgo de presentar cáncer?

Sí. Diversos estudios han presentado pruebas de que realmente el ejercicio o actividad física diaria (caminar o trotar) ayuda a disminuir el riesgo de presentar cáncer de mama.

¿Los implantes de seno aumentan el riesgo de presentar cáncer de mama?

No. Diversos estudios han reportado que no existe relación entre el mayor riesgo de cáncer de mama y los implantes de seno. Sin embargo, quedan muchos estudios por realizar.

¿Es posible prevenir el cáncer de mama?

Sí, es posible prevenir el cáncer de mama, desafortunadamente, hasta el momento, no se conoce un método específico que permita la prevención del cáncer de mama, sin embargo, conocer los factores de riesgo y alejarse de los mismos permite disminuir la probabilidad de presentar cáncer de mama.

¿Es posible detectar en etapas tempranas el cáncer de mama?

Sí. Las mujeres deben realizarse pruebas y exámenes de detección constantes para vislumbrar el cáncer antes de tener algún síntoma. Por ejemplo, deben realizarse mamografías (al menos una por año) o palparse continuamente en la búsqueda de alguna protuberancia anormal. Las pruebas de detección tempranas del cáncer salvan miles de vidas cada año en todo el mundo.

¿Se recomienda la cirugía preventiva y extirpación de los senos?

En caso de que una mujer cuente con un elevado riesgo de presentar cáncer, sí se recomienda una masectomía (extirpación de los senos) preventiva.

Entre las características para considerar una masectomía se encuentran las siguientes: (1) detectar mediante pruebas genéticas la presencia de genes BRCA mutados; (2) contar con antecedentes familiares significativos (cáncer de seno en varios parientes); (3) presentar carcinoma lobulillar *in situ* visto en biopsia; (4) finalmente, haber presentado cáncer previamente en el otro seno.

¿Se puede detectar el cáncer de seno antes de que se presente algún síntoma?

Sí, es posible detectar el cáncer de mama en etapas iniciales. Incluso, existen casos en los que no se presentan síntomas sino hasta en etapas más avanzadas del cáncer.

¿Qué es una mamografía?

Es una radiografía de los senos. Se emplea para el diagnóstico temprano de cáncer de mama en mujeres que no presentan síntomas de los mismos.

¿Cuándo debo realizarme una mamografía para detectar el cáncer?

Las mujeres de 20 a 39 años deben someterse a un análisis de seno al menos cada tres años, mientras que las mujeres de 40 años deben realizarse una mamografía cada año para descartar el problema. El autoexamen de los senos debe realizarse a partir de los 20 años y debe reportarse a los especialistas cualquier cambio en los senos.

¿Qué otras pruebas existen para diagnosticar un cáncer de mama?

A parte de las mamografías, se pueden aplicar otras pruebas para el diagnóstico y caracterización de un cáncer de mama. Por ejemplo, pueden aplicarse imágenes por resonancia magnética del seno, ecografía (ultrasonido) de los senos, exámenes de secreción del pezón, lavado ductal y aspiración del pezón, ductograma, gammagrafía mamaria y tomosíntesis. Las últimas dos continúan en pruebas para determinar su eficacia en el estudio del cáncer.

¿Cómo se determina la etapa del cáncer de mama?

La etapa de cáncer se determina por una serie de características como son: (1) cáncer invasivo o no invasivo; (2) el tamaño del tumor; (3) número de ganglios afectados; y (4) presencia de propagación a otras partes del cuerpo. Determinar la etapa de cáncer es trascendental para realizar un adecuado pronóstico y tratamiento del mismo. El sistema más usado para definir las etapas del cáncer de mama es el sistema TNM del American Joint Committee on Cancer (AJCC). Las etapas de cáncer de mama son cuatro (organizadas en números romanos). Además, existe una etapa en la que el cáncer es no invasivo. Cada etapa del cáncer presenta características diferentes.

¿Cuál es la probabilidad de supervivencia de acuerdo a la etapa de cáncer que presenta la paciente?

El pronóstico de supervivencia relativa a 5 años está en función de la etapa del cáncer de mama. En el caso de la etapa 0 la tasa de supervivencia es del 100%, en la etapa I la tasa es igualmente de 100%, en la etapa II la tasa de supervivencia se reduce a 93%, mientras que en la etapa III la tasa disminuye a 72%, finalmente, en la etapa IV la tasa de supervivencia ha bajado, drásticamente, a 22%.

¿Qué tipos de tratamientos existen para el cáncer de mama?

El tipo de tratamiento para el cáncer de mama depende de la etapa de desarrollo en la que se encuentra el cáncer. Entre los principales tipos de tratamientos se encuentran los siguientes: (1) cirugía; (2) radioterapia; (3) quimioterapia; (4) terapia hormonal; (5) terapia dirigida; y (6) terapia dirigida a los huesos.

¿Es verdad que a los hombres les puede dar cáncer de mama?

Sí, se han reportado diversos casos de cáncer de seno en hombres.

Seguramente esta serie de preguntas y respuestas originaron más dudas de las que pudieron solventar, sin embargo, la serie sirvió para solucionar algunas preguntas comunes referentes a este ingrato mal. Desgraciadamente a diario muchas mujeres son informadas de este padecimiento, mientras parece que todo acabará, nunca se desanime, siempre debe mantener la esperanza y estar en pie de lucha para esperar lo mejor.

Basura espacial:
INMINENTE PROBLEMA MUNDIAL

«Si lloras por no haber visto el Sol,
las lágrimas y la basura espacial
te impedirán ver las estrellas».
Martín Expósito,
parafraseando a los clásicos

La basura espacial representa un peligro para las telecomunicaciones en el planeta Tierra. Más allá de la probabilidad de que caigan restos espaciales a la superficie del planeta y de que estos lleguen a descalabrar a alguien, existe un riesgo, cada vez mayor, de que la chatarra espacial colisione con satélites en funcionamiento y deteriore los sistemas de comunicación colapsando entre otras cosas los siguientes servicios: teléfonos celulares, televisión, radio, monitoreo del clima, sistemas de vigilancia, navegación GPS, observatorios para la investigación científica del espacio, entre otros.

¿Qué es la basura espacial?
La basura espacial se refiere a cualquier objeto enviado por el ser humano presente en el espacio que está en desuso o ya es inservible; se compone de satélites viejos, restos de cohetes o cualquier otro fragmento inservible que aún se encuentra en órbita. La cantidad de objetos considerados como basura espacial pone en riesgo a los satélites en funcionamiento pues éstos presentan una probabilidad de colisionar con cualquier objeto presente alrededor del planeta. La basura espacial puede impactar a los satélites en activo, por ejemplo, a velocidades que oscilan los 30 mil km/hr. Lo

anterior, provocaría la suspensión de los servicios inicialmente mencionados.

¿Cuánta basura hay en el espacio?

Desde el 4 de octubre de 1957, fecha en que la extinta Unión Soviética realizó el lanzamiento del primer satélite artificial, el *Sputnik 1*, se han realizado aproximadamente 7 mil lanzamientos de satélites, la mayoría se destruyeron al reingresar en la atmósfera una vez terminada su vida útil. Las recientes estimaciones indican que existen aproximadamente 22 mil objetos mayores a 10 cm, 110 mil objetos entre uno y 10 cm y más de 35 millones de objetos menores a un centímetro, aglomerando unas 6 mil toneladas de basura espacial. Un estudio del Centro Europeo de Operaciones Espaciales (ESOC, por sus siglas en inglés) y de la Red de Vigilancia Espacial del Comando Espacial de la Fuerza Aérea Norteamericana estima la existencia de hasta 150 millones de objetos considerados como basura espacial en el espacio.

Los cálculos sobre objetos artificiales que orbitan el planeta consideran que 7% son naves operativas, 22% son naves obsoletas, 17% lo componen restos de cohetes, 13% son objetos relacionados con las misiones espaciales, mientras que el restante 41% lo conforman otros fragmentos como restos de pintura, por ejemplo.

¿En dónde se ubica la basura?

La gran mayoría de la basura espacial se encuentra en dos órbitas de altitud. La primera es la órbita terrestre baja (LEO; por sus siglas en inglés Low Earth Orbit) situada entre 160 y 2 mil kilómetros de altitud; en esta órbita se encuentran la Estación Espacial Internacional (364 km de altitud), el telescopio Hubble (600 km de altitud) y diversos satélites de reconocimiento fotográfico y de observación climática y terrestre; los objetos de esta órbita tardan al menos 1 hora con 30 minutos en dar una vuelta a nuestro planeta. La segunda órbita es la denominada GEO (Órbita Geoestacionaria) situada a 36 mil kilómetros de altitud. Aquí se ubican la mayoría de satélites meteorológicos y de telecomunicaciones; los objetos de esta órbita tardan 24 horas en dar una vuelta a nuestro planeta. Otra órbita importante es la llamada órbita media situada a 20 mil kilómetros de altitud, en ella se ubica el sistema de posicionamiento global (GPS; por sus siglas en inglés Global Positioning System) conformado por 24 satélites.

¿Quién fue el primero en alertar sobre la basura espacial?

Actualmente la humanidad se enfrenta a un problema cada vez más difícil de controlar. Es necesario tomar medidas sobre qué hacer con la basura espacial y cómo evitar que aumente. Se estima que dentro de poco el crecimiento del número de objetos considerados basura espacial crecerá exponencialmente debido a que el número de colisiones aumentará entre los mismos objetos basura y provocarán el aumento de chatarras espaciales hasta producir colisiones continuamente. Este efecto se denomina síndrome de Kessler, o cascada de ablación, en honor a Donal Kessler primer científico en alertar sobre los peligros de la basura espacial a través del artículo *Frecuencia de Colisión de Satélites Artificiales: La creación de un cinturón de basura* (nombre original:

Collision frequency of artificial satellites: The creation of a debris belt) publicado en 1978 en la revista Journal of Geophysical Research de la American Geophysical Union.

¿Cómo eliminar la basura espacial?
Diversas instituciones en el mundo se encuentran coordinando esfuerzos para controlar el aumento de basura espacial. El objetivo de las propuestas es frenar los objetos mediante la fricción con la atmósfera terrestre para que esta haga su parte y degrade dichos objetos. Los métodos sugeridos van desde el empleo de rayos láser para modificar su trayectoria hasta redes de captura y recolección que traigan los restos de vuelta al planeta. ¿Qué opinas?

¿Influye la Luna sobre la Tierra?

«La naturaleza está siempre en acción
y maldice toda negligencia».
Johann W. Goethe

— ¡Estás en la Luna! —Escuche mientras pensaba en la inmortalidad del cangrejo—. Inmediatamente pensé en la Luna y, ahora sí, estaba en Luna. Y allí en la Luna me surgió la duda de qué sucedería en el planeta sin su presencia; consideré que contestar esa cuestión me llevaría a suponer una serie de desastres planetarios y un Apocalipsis inminente. En lugar de eso, decidí replantear mis preguntas y contestar ¿cuál es la influencia de la Luna sobre la Tierra? Y ¿Cómo afectan las fases lunares los eventos en el planeta?

La Luna es el satélite natural del planeta Tierra, ambos, planeta y satélite, han co-evolucionado desde sus apariciones; muchos de los eventos físicos, químicos, biológicos y sociales que se han dado durante el desarrollo del planeta han sido en presencia e influencia lunar. Muchas de las características de hoy en día no existirían tal y como son si la Luna no existiera.

Fuerzas de atracción entre la Tierra y la Luna
Las fuerzas de atracción de la Tierra y la Luna conforman un centro de masa que se encuentra entre ambas, solo que más cerca de la Tierra (debido a que tiene más masa que la Luna). La Luna gira alrededor de la Tierra, sin embargo, esta circulación no usa de eje el centro de la Tierra sino el centro de masa que generan ambas gravedades (Tierra y Luna). La circulación de la Luna alrededor de la Tierra a partir del centro de masa provoca deformaciones en el planeta; sin embargo, los cuerpos sólidos, como las rocas, no sufren estas deformaciones, caso contrario ocurre con los cuerpos líquidos, como los mares, que sí se ven afectados.

Las mareas son la principal influencia lunar sobre la Tierra
Uno de los eventos más conocidos en el que influye la Luna sobre la Tierra son las mareas. Las mareas están

influenciadas, además de por la Luna, por el Sol; esto se da debido a la atracción gravitacional de cada uno de estos cuerpos celestes. Se dice que la Luna influye en 2/3 partes en las mareas, el resto se da por atracción gravitacional del Sol. Los cuerpos líquidos, como los mares, son los más susceptibles a la influencia lunar, esta atracción permite que las masas de agua del planeta suban y bajen provocando las mareas altas y bajas. Los puntos del mar más cercanos y más alejados a la Luna son los que presentan mareas altas.

La Luna influye en las plantas

Una influencia lunar sobre la superficie terrestre poco conocida es el movimiento de la savia en las plantas. Se ha documentado que en situación de Luna Llena la savia (líquido que transporta agua, nutrientes, hormonas de crecimiento y demás elementos para el desarrollo de las plantas) asciende y se concentra en las copas de los árboles, flores, frutos y hojas; esto significa que podar las partes aéreas de las plantas en Luna Llena puede provocar que no crezcan o incluso que no se desarrollen adecuadamente. Sin duda, esto es importante, y considerado, por agricultores y jardineros.

La obvia respuesta al cuestionamiento inicial es sí, la Luna influye sobre diversos eventos planetarios, la nueva cuestión ahora es analizar en qué intensidad y en qué otros eventos podría intervenir el satélite de la Tierra.

TOP 10 DE ANIMALES MEXICANOS EN PELIGRO DE EXTINCIÓN

«Un país, una civilizaciónse puede juzgar
por la forma en que trata a sus animales».
Mahatma Gandhi

De acuerdo con la Lista Rojo de la Unión Mundial para la Naturaleza (IUCN; por sus siglas en inglés) existen en el mundo 19,817 especies de seres vivos en riesgo de extinción. México cuenta con 2,583 de estas especies en peligro.

En México para identificar las especies que se encuentran en algún estado de amenaza existe la Norma Oficial Mexicana 059 (NOM-059-SEMARNAT-2010) que tiene por objeto reconocer a las especies o poblaciones de flora y fauna silvestres en riesgo en el país. La NOM-059 divide en cuatro su clasificación de especies en riesgo: 1) probablemente extinta en el medio silvestre, 2) en peligro de extinción, 3) amenazadas; y 4) sujetas a protección especial.

Como lo menciona la NOM-059, las especies en peligro de extinción son: «aquellas cuyas áreas de distribución o tamaño de sus poblaciones en el territorio nacional han disminuido drásticamente poniendo en riesgo su viabilidad biológica en todo su hábitat natural, debido a factores tales como la destrucción o modificación drástica del hábitat, aprovechamiento no sustentable, enfermedades o depredación, entre otros».

Especies mexicanas endémicas en peligro

Entre las especies en peligro de extinción se encuentran especies endémicas (especies que se encuentran exclusivamente en el territorio mexicano) y no endémicas. Sin lugar a dudas las especies en peligro de extinción no endémicas de México son las más llamativas. Por supuesto que no nos agradaría que desaparecieran del territorio mexicano. Sin embargo, en este listado se prefirió incluir a las 10 especies animales en peligro de extinción que se encuentran exclusivamente en México y que no existen en otro lugar del mundo.

Iniciemos este listado con el ajolote (*Ambystoma mexicanum*; del náhuatl axolotl «*atl*-agua» y «*xolotl*-monstruo»; monstruo acuático), una especie emblemática del centro de México. Actualmente se estudia por su capacidad de regeneración, incluso, se le otorgan propiedades medicinales.

Continuemos con la cacerolita de mar (*Limulus polyphemus*), especie presente en las costas mexicanas del Golfo de México. Presenta usos para el diagnóstico de enfermedades infecciosas en viajes espaciales debido a la hemocianina (proteína que transporta el oxígeno en el animal) de su sangre.

En una zona de riqueza inigualable, el Mar de Cortés, se encuentra la famosa vaquita marina (*Phocoena sinus*) catalogada como uno de los cetáceos más pequeños en el mundo. Su población se encuentra reducida y en estado crítico, es prácticamente imposible ver un ejemplar silvestre.

Cerca de las poblaciones de vaquita existe la Chara de Beechy (*Cyanocorax beecheii*), un ave también conocida como urraca de lomo morado, se distribuye en una franja paralela al Mar de Cortés y el Océano Pacífico que abarca desde Sonora hasta Nayarit y sus poblaciones se encuentran en riesgo.

En los valles y pastizales de montaña entre los estados de Coahuila, Nuevo León, San Luis Potosí y Zacatecas se distribuye una especie de importancia ecológica sin igual, el perro llanero mexicano o perrito de la pradera (*Cynomys mexicanus*), una especie clave de esos ecosistemas pues de ella dependen decenas de seres vivos para sobrevivir.

Al sureste del país, sobre la cuenca del río Usumacinta, en el estado de Chiapas, se encuentra el bagre de Chiapas (*Lacantunia enigmatica*), habita en zonas profundas de caídas de agua y se alimenta de peces, cangrejos, ranas y semillas. El nombre *enigmatica* se le otorga a raíz de su «inesperado» descubrimiento en Chiapas, México.

Aparece a escena un mamífero, un animal de caricatura, el oso hormiguero subespecie hesperia también conocido como brazo fuerte (*Tamandua mexicana hesperia*), especie endémica mexicana localizada desde Michoacán hasta la Huasteca Potosina abarcando el estado de Chiapas y Yucatán. La subespecie hesperia es endémica y se distribuye, principalmente, en el estado de Guerrero.

En las zonas altas mexicanas y asociado a las áreas volcánicas, se distribuye el teporingo, conejo de los volcanes o también conocido como zacatuche (*Romerolagus diazi*), habita los pastizales de las altas montañas mexicanas con una distribución sumamente restringida. Es el más pequeño de los conejos, cuenta con orejas cortas y redondas.

Al norte del país, en una región particular del estado de Durango, se encuentra la lagartija escofina de Mapimí (*Xantusia bolsonae*), una lagartija de hábitos nocturnos endémica de la región de la comarca.

Cerca de Durango, en un sitio donde el tiempo se detuvo, y que representa un oasis dentro del desierto coahuilense, existen numerosas especies endémicas de las cuales destaca la tortuga de concha blanda negra de Cuatro Ciénegas (*Apalone spinifera atra*) especie que se encuentra al borde la desaparición pues su hábitat sigue en disminución.

Otras especies no endémicas en peligro
Sin duda existen otras especies importantes y vistosas que requieren protección y se encuentran en riesgo de extinción, sin embargo su distribución no solo se restringe a México sino que abarca otros países, por ejemplo el jaguar (*Panthera onca*), el armadillo de cola desnuda (*Cabassous centralis*), el mono araña (*Ateles geoffroyi*), el mono aullador o saraguato (*Alouatta pigra*), el ocelote (*Leopardus pardalis*) y el lobo mexicano (*Canis lupus baileyi*).

Aunque este listado hace referencia a las especies exclusivamente endémicas de México, no cabe duda que todas las especies en algún estado de amenaza merecen los esfuerzos de conservación pues no es deseable la desaparición de ninguna de ellas.

HURACANES: LOS HIJOS PRÓDIGOS DE LOS CICLONES TROPICALES

«La lluvia moja las manchas del leopardo
pero no se las quita».
Proverbio africano

Todos los años nos vemos envueltos en días lluviosos provocados por la presencia de un huracán, tormenta tropical, depresión tropical, tifón o ciclón. Todos estos eventos atmosféricos se agrupan bajo el nombre de ciclones tropicales. El nombre tropical nos permite distinguir que su origen se da en la zona intertropical del planeta, aunque en algunas ocasiones se llegan a suscitar fuera de dicha zona. La zona intertropical comprende toda el área del globo terráqueo que se encuentra entre el Trópico de Cáncer y el Trópico de Capricornio.

¿Qué son los ciclones tropicales?
Los ciclones tropicales son eventos meteorológicos que provocan fuertes lluvias y vientos. Comienzan con

tormentas eléctricas sin organización en zonas de baja presión, es decir en áreas donde la presión atmosférica es menor que el aire adyacente a ese sitio. Pero, ¿acaso los ciclones tropicales son necesarios para el planeta? La verdad es que sí. No son caprichos de la Naturaleza, ni casualidades del destino; permiten la circulación de la energía, a través de la atmósfera, desde las partes tropicales a las zonas polares.

¿Cómo surge un ciclón?

Sucede que en las épocas más calurosas del año (dependiendo de la distancia de un punto de la Tierra al Sol) el aire sobre los océanos se calienta y puede ascender por encima del aire frío de ciertas partes de la atmósfera; esto se debe a que el aire caliente cuenta con menor densidad que el aire frío, es decir el aire caliente pesa menos y con ello asciende más. Este proceso que parece tan sencillo es el que año con año provoca las lluvias y los tan afamados y temidos ciclones tropicales.

De acuerdo a los científicos atmosféricos la formación de los ciclones tropicales de temporada está en función de las siguientes condiciones: una temperatura superficial del mar mayor a 26.5°C; grandes cantidades de humedad en la troposfera media; y un movimiento libre de aire caliente.

¿Cómo se clasifican los ciclones tropicales?

La combinación de vientos cálidos y fríos, una vez formadas las tormentas, permite la generación de fuertes vientos y el mantenimiento del ciclón tropical. Los ciclones se clasifican de acuerdo a la velocidad de sus vientos sostenidos. Si la velocidad de los vientos, en un ciclón tropical, es menor a 62 km/h se denomina depresión tropical, si los vientos sostenidos se encuentran entre 63 y 118 km/h estamos hablando de tormentas tropicales. Si se superan las velocidades anteriores entramos en terreno de los huracanes.

Para clasificar los huracanes existe la escala de Saffir-Simpson que los clasifica en cinco categorías de acuerdo, principalmente, a la velocidad de sus vientos sostenidos, la presión atmosférica al nivel del mar y los daños provocados. La categoría 1 presenta vientos entre 119 y 153 km/h, la categoría 2 cuenta con vientos entre 154 y 177 km/h, mientras que la categoría 3 se caracteriza por vientos entre 178 y 209 km/h, por su parte la categoría 4 muestra rachas de vientos entre 210 y 249 km/h, finalmente la categoría 5, la más intensa, ostenta vientos sostenidos mayores a 250 km/h.

¿Cómo se determina el nombre de un ciclón tropical?

En el mundo existen cinco organismos regionales de ciclones tropicales que se encargan de nombrar los ciclones de acuerdo a un listado alfabético de nombres comunes en el lugar de formación del ciclón. En cada una de estas regiones existen Centros Meteorológicos Regionales Especializados que monitorean cada evento e informan a la población del desarrollo del mismo. Nombrar cada ciclón tropical permite, tanto a la población como a los especialistas, reconocer a cada ciclón de forma individual, difundir sus características y establecer medidas preventivas ante las contingencias que se presenten.

De acuerdo a la Comisión Nacional del Agua (CONAGUA) las costas mexicanas han sufrido, entre 1970 y 2011, el impacto de cinco huracanes de categoría 5 (Anita en 1977, Gilberto en 1988, Wilma en 2005, Emily en 2005 y Dean en 2007) y ocho huracanes de categoría 4 (Liza en 1976, Madeline en 1976, Kenna en 2002, Anita en 1977, Gilberto en 1988, Wilma en 2005, Emily en 2005 y Dean en 2007) que provocaron grandes pérdidas económicas y sobre todo humanas.

Ante esta situación, ¿considera que se encuentra prevenido para contingencias meteorológicas de este tipo? Lo invito a que contemple año con año la temporada de huracanes y revise el pronóstico sobre la presencia de alguno de estos eventos cerca de su lugar de origen. Hay que recordar que la organización promueve menores pérdidas en todos los sentidos, por lo tanto, procure siempre la planeación y la prevención.

Pasos de fauna: caminos verdes sobre avenidas de chapopote

«La medida del grado de educación de un hombre
es la manera como trata a los animales».
Berthold Auerbach

La mayoría de los obras de la ingeniería que realizamos los seres humanos perjudican en distinto grado la vida de los animales en la naturaleza. Por ejemplo, cuando se construyen carreteras, o cualquier otro tipo de obra humana, en lugares donde solo existen bosques y oxígeno puro, las comunicaciones entre los seres humanos se mejoran, sin duda. Sin embargo, la comunicación entre los animales se ve interrumpida drásticamente lo cual es preocupante por la pérdida biológica que se produce. Una obra de ingeniería humana corta de tajo el espacio libre que tienen los animales para trasladarse entre diversos lugares en un ecosistema.

En palabras más científicas y rimbombantes si una carretera se construye en medio del bosque, este se fragmenta y se generan parches de vegetación (porciones de bosque aislados) que interrumpen la conectividad de los animales que habitan en él.

Estas barreras instauradas por la ingeniería pueden ser parcialmente resueltas, también, por obra de la ingeniería. La recomendación principal es la construcción de pasos de fauna, los cuales promuevan la conectividad entre sitios del bosque y generen corredores biológicos. La construcción de pasos de fauna no es obligatoria (con algunas excepciones) en distintas partes del mundo, aunque funciona como una forma de mitigar (eliminar, subsanar las afectaciones causadas por las obras) los daños causados por las carreteras. En América latina existen pasos de fauna sobre todo en lugares donde se realiza ganadería extensiva, no obstante, los pasos de fauna no se establecen para la conexión de fauna silvestre, y por consiguiente la conservación, sino para mantener la producción pecuaria.

A continuación se mencionan algunos ejemplos de pasos de fauna que existen alrededor del mundo:

Ejemplos de pasos verdes
En Inglaterra sobresalen autopistas que presentan escaleras de madera diseñadas para guiar a las poblaciones aisladas de ratas de agua (*Arvicola sapidus*), las cuales se encuentran en riesgo de extinción y la presencia de estas escaleras favorece la conexión con otras poblaciones de ratas, esto puede evitar su desaparición y, además, asegurar el resguardo de su diversidad genética.

En Isla de Navidad, en Australia, 50 millones de cangrejos rojos (*Gecarcoidea natalis*) migran cada temporada anual desde la selva en la que habitan hasta orillas de la playa. En esta travesía existe un problema, año con año mueren alrededor de 500 mil cangrejos al intentar llegar a la playa debido a que deben atravesar las carreteras aledañas al lugar. La solución que ha otorgado el gobierno australiano es la construcción de puentes e instalación de túneles para el paso de fauna, solución que reduce la muerte de cangrejos.

En Kenia, los elefantes tienen una ruta histórica de migración que se ha visto interrumpida por las carreteras que ahora son barreras para ellos. Los conservacionistas se han percatado de esta problemática y han promovido la construcción de pasos de fauna a desnivel que permiten a cientos de estos mamíferos moverse sin problemas y sin perjudicar a los pobladores cercanos.

En Estados Unidos se construyeron grandes conductos que permiten orientar el agua fuera de la autopista y evitar el deterioro de la misma. Ese proyecto se convirtió en un paso de fauna en donde actualmente circulan mapaches, zarigüeyas, venados cola blanca entre otros animales. El paso de fauna les permite llegar al otro lado de la carretera.

También en Estados Unidos otras carreteras han sido obstáculo y barrera para ciertas salamandras en peligro de extinción las cuales requieren desplazarse para lograr su reproducción. Para conseguir lo anterior, grupos conservacionistas han promovido el establecimiento de túneles de salamandras que aseguran la conectividad entre los fragmentos de bosques y la reproducción de esos animales en peligro.

Finalmente, en Holanda una gran autopista ha impedido la comunicación entre animales en peligro de extinción que habitan fragmentos de bosques. Sin embargo, estas autopistas cuentan con una particularidad sin igual, presentan construcciones de puentes verdes cubiertos de vegetación que permiten el paso de fauna en peligro como tejones, venados y jabalíes. Este paso de fauna es el más grande de los 600 puentes verdes presentes en Holanda.

Las preguntas obligadas son: ¿qué obstáculos existen en el resto del mundo para instaurar estas opciones para la fauna? Debemos integrar estas herramientas y tecnologías a la política ambiental de cada país para asegurar la vida y diversidad de los seres vivos.

DE BICILICUADORAS Y OTRAS ECOTÉCNIAS BASADAS EN BICICLETAS

«Las que conducen y arrastran al mundo
no son las máquinas, sino las ideas».
Víctor Hugo

Nada como despertar y desayunarse un buen licuado de nuez con leche de soya y un huevo para amarrar la proteína del día y todo esto preparado en una bicilicuadora que… ¿Bici qué? Sí, bicilicuadora. En las localidades más apartadas donde la energía eléctrica es un lujo, debido a la marginación en la que viven muchas localidades, las tecnologías basadas en bicicletas resultan de gran utilidad para diversos quehaceres domésticos; incluso en hogares donde sí hay luz ahorrar electricidad es posible ya que se pueden emplear este tipo de herramientas amigables con el ambiente y altamente productivas.

Como podemos imaginar en una ecotecnología basada en una bicicleta la energía producida mediante el esfuerzo de las pedaleadas permite producir un trabajo, es decir, una actividad (p. Ej. Un licuado).

A continuación les presentamos una colección de algunas de las ecotecnologías basadas en bicicletas:

Bicilicuadoras
Una licuadora doméstica que emplea energía eléctrica tiene la capacidad de generar de 2,000 a 7,000 RPM (revoluciones por minuto [vueltas por minuto]). Una bicilicuadora puede alcanzar hasta 6,400 RPM y procesar frutas, verduras y demás alimentos sin necesidad de recurrir a la energía eléctrica; solo bastan dos fuertes piernas dispuestas a ejercitarse mientras se preparan un exquisito jugo verde (jugo de naranja, piña, noni, apio, nopal).

Bicibomba
¡Prendan la bomba, por favor! Es un enunciado frecuentemente escuchado en hogares que emplean una cisterna a partir de la cual bombean el agua. Esta situación representa un gasto económico considerable que puede ahorrarse con el uso de una bicibomba. Lo

único requerido, después de la bicibomba, son unas piernas listas para una sesión de spinning.

Bicigenerador de energía

Una tecnología en plena prueba. El bicigenerador es capaz de producir electricidad y con ello encender algunos focos de bajo consumo energético (8 a 12 V) por tres horas. Así mismo, este aparato permite recargar baterías.

Bicimolino

Esta herramienta tiene la capacidad de moler cualquier tipo de grano y otros alimentos. En tan solo un minuto el bicimolino es capaz de moler hasta 1 ½ kg de granos. Un buen chocolate casero podría prepararse en estos bicimolinos.

Bicidesgranador

Desgranar el maíz será más fácil con una bicidesgranadora; ahora los encargados de esta actividad podrán ahorrar tiempo y dinero con esta herramienta y desgranar hasta 1 tonelada de maíz al día. Alguien deberá ejercitarse seriamente en este trabajo.

Bicilavadora

En función del tamaño de la máquina se pueden lavar entre 6 y 12 kg de ropa y ahorrar energía eléctrica. Un prototipo de esta bicilavadora se generó en la facultad de ingeniería mecánica del Instituto de Tecnológico de Massachusetts (MIT, por sus siglas en inglés), en Estados Unidos. No cabe duda que alguien perderá fuerza en los brazos y alguien más ganará mucha pierna con esta bicilavadora.

Bicidespulpadora de café
Para finalizar esta entrega, les invitamos una tacita de café a partir de la bicidespulpadora de café, artefacto capaz de despulpar 100 kg de café cada 15 minutos. Cualquier negocio artesanal productor de café podría ahorrar mucho tiempo con estos aparatos.

Las anteriores son algunas de las tecnologías verdes diseñadas por gran cantidad de personas interesadas en el desarrollo comunitario. Es justo mencionar la existencia de otras tecnologías como: las bicirevolvedoras, las bicidescascadoras de nueces y otras bicimáquinas. En fin, anímese a diseñar o adquirir alguna de estas bicimáquinas para su hogar, además de ejercitarse ahorrará gran cantidad de energía eléctrica.

LOS TIPOS DE CÁNCER QUE MATAN A LOS MEXICANOS

«Alimenta a tu fe, y los temores se morirán de hambre».
Anónimo

Recuerdo en la universidad mis clases de biología molecular avanzada, avanzadísima decíamos entre burlas por los pasillos; recuerdo una clase en particular en la que la profesora mencionaba que todos poseemos cierta probabilidad de presentar algún tipo de cáncer en cualquier etapa de nuestra vida. La razón de esa triste conclusión es que todos poseemos protooncogenes, precursores de los oncogenes (genes que causan un cáncer).

Los precursores del cáncer

Los protooncogenes promueven la división y el crecimiento celular, una mutación o conjunto de mutaciones, en el protooncogén, producen un funcionamiento anómalo en las células lo cual desencadena un crecimiento descontrolado de las mismas; en este momento el protooncogén pasa a ser un oncogén y provoca un cáncer. El cáncer también se conoce como tumor maligno o neoplasia maligna.

¿Qué es un cáncer?

En pocas palabras, el cáncer es un crecimiento anormal de las células y es producto de una serie de mutaciones en las mismas células. Una vez que el cáncer ha invadido otros órganos, es decir, sale del órgano en el que se originó, ocurre lo que se denomina como metástasis, en este punto las probabilidades de sobrevivencia son, lamentable y prácticamente, nulas.

¿Qué hábitos me pueden provocar un cáncer?

Las mutaciones que provocan cáncer se dan, entre otras cosas, por los incorrectos hábitos alimenticios y coinciden con la predisposición genética de una persona a presentar cierto cáncer. La probabilidad de presentar cáncer aumenta con la edad, posiblemente por la acumulación de factores de riesgos a lo largo de la vida. Entre los principales factores determinantes del cáncer en todo el mundo se encuentran los siguientes: el consumo de alcohol y tabaco; la alimentación con alta densidad energética; la alimentación con alto contenido de grasas de origen animal; los alimentos industrializados, el deficiente consumo de vitaminas y minerales (frutas y verduras); y la inactividad física.

¿Cuáles son los síntomas generales del cáncer?

A pesar de que cada cáncer presenta síntomas específicos se pueden mencionar algunos síntomas generalizados que pueden delatar un tumor maligno, neoplasia maligna o cáncer. Entre los síntomas más frecuentes se encuentran los siguientes: fiebres inexplicables, fatiga, pérdida de peso, debilidad y mareos, todos ellos provocan un malestar generalizado.

Datos sobre el cáncer

En 2008 el cáncer fue la principal causa de muerte de acuerdo a la Organización Mundial de la Salud (OMS) pues produjo el 13% (7.6 millones) de las muertes a nivel mundial. El principal cáncer fue el de pulmón seguido del de estómago, hígado, colon y mama.

En 2009, de acuerdo al Instituto Nacional de Estadística y Geografía (INEGI), las principales causas de morbilidad (número o proporción de enfermos en cierto tiempo y espacio) hospitalaria en México por tumores malignos fueron a causa de neoplasias ubicadas en los órganos hematopoyéticos (relacionados con la sangre; leucemias en su mayoría) con 17.9%, órganos digestivos con 14.8%, y mama con 12.5% de los casos. Aproximadamente 6 de cada 100 personas hospitalizadas en México con estos padecimientos murieron en el hospital. La tasa de mortalidad observada por tumores malignos en hombres fue de

65.11 por cada 100 mil hombres y en mujeres fue de 65.49 por cada 100 mil mujeres.

En la población adulta (30 a 59 años) la tasa de mortalidad más alta es producto de tumores malignos en órganos digestivos (15.01 por cada 100 mil personas) y en órganos genitales femeninos (11.63 por cada 100 mil personas). En la población mayor de 60 años los tumores malignos en órganos digestivos presentan las tasas más altas (173.26 por cada 100 mil adultos mayores) seguidas de las tasas de los órganos genitales masculinos (129.04 por cada 100 mil adultos mayores).

En hombres, las principales causas de morbilidad hospitalaria se presentaron en órganos hematopoyéticos (22.8%), órganos digestivos (17.5%) y del tejido linfático y afines (9.8%). En mujeres, las principales causas de morbilidad hospitalaria fueron el cáncer de mama (22.0%), los tumores de los órganos hematopoyéticos (relacionados con la sangre; 14.1%) y el cáncer de los órganos genitales femeninos (13.5%).

En 2010, de acuerdo a la Secretaría de Salud de México, las principales causas de muerte por cáncer fueron: en mujeres, el cáncer de mama (14.2%), el cáncer en el cuello del útero (11.3%), el cáncer de hígado (8.3%) y el cáncer de estómago (7.3%); mientras que en hombres, el cáncer de próstata representa la causa de muerte por cáncer de mayor incidencia (16.1%), seguida del cáncer de tráquea, bronquios y pulmón (12.8%), el cáncer de estómago (8.6%) y el cáncer de hígado (8.2%).

En 2012 el cáncer causó la muerte de 8.2 millones de personas en todo el mundo. En México fue la principal causa de morbilidad hospitalaria entre la población menor de 20 años. Esta situación fue originada por el cáncer de órganos hematopoyéticos, particularmente la leucemia fue el más común. De cada 100 hombres mayores de 20 años que egresaron de un hospital a causa del cáncer, 25 presentaron tumores malignos en órganos digestivos. En el caso de las mujeres, de cada 100, 31 contaban con cáncer de mama.

Para el 2013, de todas las defunciones acaecidas debido a neoplasias malignas en la población menor de 20 años, los hombres fallecieron en un 57.4% y las mujeres en un 42.6%. Por su parte, en la población mayor de 20 años, 48.9% fueron hombres y 51.1% mujeres. Los tipos de cáncer que provocan mayor mortalidad en la población mayor de 20 años se desarrollan en los órganos digestivos presentando 32 casos por cada 100 mil habitantes.

Es trascendental detectar en etapas tempranas el crecimiento descontrolado de las células pues dicho crecimiento se puede controlar. Desgraciadamente, en México el 60% de los casos de cáncer se detectan en etapas avanzadas, lo cual disminuye las probabilidades de eliminación del organismo. Por cierto, ¡no lo eche en saco roto! Mañana temprano llame para programar un chequeo o pregunte con un doctor en dónde puede realizárselo, la prevención y la detección temprana son los mejores golpes a este desgraciado mal.

Francisco Guerra Martínez

LA MINERÍA EN MÉXICO:
DETERIORO AMBIENTAL ANUNCIADO

«A la naturaleza se le domina obedeciéndola».
Francis Bacon

De acuerdo al Centro de Estudios Sociales y de Opinión Pública de la Cámara de Diputados desde el año 2000 el 25% del país fue concesionado para la extracción de los recursos naturales del subsuelo. Lo anterior significa que poco más de una cuarta parte de México está actualmente sometido o se encuentra en vías de explotación mineral.

De acuerdo a datos del INEGI, en solo diez años (2000-2010) la extracción de oro en México duplica a la extracción de oro realizada en toda la época colonial (1521-1830). Es cierto, las tecnologías son inconmensurables (no comparables), sin embargo esto ejemplifica la voracidad con la que se consumen los recursos del subsuelo mexicano y la escabrosa forma en la que se deterioran los recursos naturales adyacentes.

El crecimiento del potencial de extracción y producción minera en México se realiza, muy a pesar de los grandes consorcios del ramo, dejando de lado la protección a los recursos naturales y promoviendo su deterioro. Esto sucede en la realidad no obstante de la compensación ambiental dictada por las leyes mexicanas.

¿Qué daños ambientales provoca la minería?

Se cuentan por millones las hectáreas de bosques y selvas que han sido devastadas producto de la actividad minera. A lo anterior, se añade la eliminación y el desplazamiento de la fauna nativa, la pérdida y la erosión del suelo, la reducción en la calidad del agua, la exposición de minerales altamente contaminantes, el azolvamiento de cuerpos de agua, la modificación del paisaje, entre muchos otros daños ambientales.

La minería tiene capacidad de solucionar, acentuar y/o generar problemáticas económicas y sociales en las localidades en las que se ejecuta. A pesar de promover soluciones socioeconómicas, las actividades de extracción mineral promueven irremediablemente problemáticas medioambientales que permanecen, incluso, décadas después de la extracción mineral. Las consecuencias que provoca la minería dependen de las características de cada localidad.

En las minas se emplean métodos acuosos para la separación de los minerales, esto promueve la generación de residuos tóxicos lodosos, los cuales se incorporan a zonas adyacentes de vegetación o incluso a zonas pobladas. Los métodos empleados para la recuperación de ciertos minerales promueven la filtración (ingreso de materiales acuosos al suelo) y percolación (proceso de movimiento de los materiales acuosos a través del suelo por acción gravitacional) de residuos que se agregan a las aguas subterráneas y superficiales y que son capaces de provocar daños a la salud y contaminación.

¿Es sensacionalista el defensor ambiental?

Existen distintos grupos que promueven la divulgación de los daños provocados por la actividad minera. A razón de esto, la Cámara Minera de México (CAMIMEX) en su informe anual de 2012 hace referencia a ellos como «grupos sensacionalistas» que impiden el desarrollo social, económico y tecnológico de ciertas regiones marginadas del país. Sin embargo, el mismo informe resalta la falta de atención y compromiso en 16 Áreas Naturales Protegidas (ANP) del país producto de las actividades mineras. Las ANP tienen la ventaja de estar protegidas, pero los sitios que no cuentan con algún estatus de protección se encuentran en el completo abandono y al borde del deterioro ambiental.

La industria minera se escuda en la compensación por medio de programas de reforestación y protección de ciertas especies que, desde la perspectiva ecológica, no promueven los efectos ecológicos para el desequilibrio ambiental.

Falta firmeza legal en México

La minería excede el discurso de desarrollo sostenible, promulga el deseo de alcanzar un estado de conciliación entre la conservación y el aprovechamiento de los recursos naturales. Desgraciadamente, el discurso está muy alejado de la situación real en la que se encuentran los grandes yacimientos minerales. Aunque parezca mentira, México carece de políticas públicas en materia ambiental que promuevan el desarrollo socioeconómico de las poblaciones afectadas y además favorezcan la conservación de la naturaleza.

De acuerdo al Instituto Fraser, institución independiente de investigación, aunque México no se ubica en los primeros lugares de calidad de yacimientos mineros, las políticas públicas mexicanas facilitan completamente la explotación y la extracción desmedida de minerales en el país. Ante la carencia de políticas públicas, el sector minero cuenta con un crecimiento acelerado y una elevada productividad que deja de lado, en muchos casos, la cuestión ambiental e incluso el tema social.

La falta de compromiso para reducir el impacto ambiental de las actividades mineras se atañe a los distintos órdenes de gobierno y, principalmente, a las empresas mineras, las cuales prefieren contraponer un menor costo por extracción mineral a un elevado costo, que no pagarán justamente, por daños ambientales. Sin duda, es necesario que los gobiernos y las empresas del ramo adquieran compromisos en los que se dejen de lado los intereses económicos y se impida la acelerada degradación ambiental de la que son objeto los recursos naturales.

En un escenario de aceptación del crecimiento de la minería como actividad productiva en el país y de los beneficios económicos que esta arroja, ¿quiénes son los que resultan mayormente beneficiados? ¿Acaso son las poblaciones aledañas a las minas? Que difícil respuesta.

Francisco Guerra Martínez

LOS GLACIARES MEXICANOS:
NATURALEZA QUE SE NOS ESCURRE

> «El libro de la naturaleza
> alcanza cada año una nueva tirada».
> Hans Christian Andersen

En México existían tres glaciares hasta el año 2000. Ese año pocos vieron desaparecer sobre uno de los monumentos naturales de nuestro país, el volcán Popocatépetl (5,500 m snm), una capa de hielo glaciar que poco a poco fue disminuyendo hasta extinguirse.

En la actualidad continúan presentes dos glaciares, se encuentran en el volcán Citlaltépetl (Pico de Orizaba; 5,610 m snm), máxima elevación en México, y en el volcán Iztaccíhuatl (5,220 m snm), la tercera elevación más alta.

Pero, ¿qué es un glaciar? Un glaciar es una masa de hielo que se encuentra en constante descenso debido a su deformación interna y a un deslizamiento de la base (IPCC, Panel Intergubernamental de expertos sobre cambio climático). El proceso de formación de un hielo glaciar pasa por tres etapas. Un glaciar inicia su desarrollo a partir de nevadas, las recurrentes nevadas sepultan a las anteriores y las comprimen formando copos de nieve. Producto de la presión sobre la nieve se forma la nieve granular la cual promueve la cristalización y la formación de granos cada vez más grandes. En esta etapa, los espacios de aire disminuyen y la nieve granular se compacta e incrementa su densidad. A continuación, se da la formación de la neviza (un estado intermedio entre la nieve y el hielo glaciar). Los espacios de aire se vuelven más estrechos, hasta desaparecer, y permiten la formación de grandes cristales de hielo que culminan en la formación de hielo glaciar. Lo anterior sucede pasadas dos épocas invernales.

A pesar de la desaparición de los glaciares del Popocatépetl, no se puede descartar la reaparición de nuevos glaciares que recubran el monumento. Desgraciadamente, las condiciones actuales no son las idóneas pues la actividad volcánica modifica la temperatura local y regional. El cambio regional de la temperatura modifica las condiciones de los glaciares del Iztaccíhuatl y acelera su disminución.

De acuerdo a Hugo Delgado, investigador del Instituto de Geofísica de la UNAM, la disminución y extinción de los glaciares en México se debe al cambio climático global y a la actividad volcánica reciente. El mismo investigador pronostica la desaparición de los glaciares del volcán Iztaccíhuatl. En el caso de los glaciares del volcán Popocatépetl la razón principal de su extinción fue la actividad volcánica, pues las altas temperaturas modificaron la tasa de aumento y pérdida de los glaciares.

La última glaciación término hace, aproximadamente, 10,000 años. El periodo en el que nos encontramos, hoy en día, se denomina periodo interglaciar. En este escenario la temperatura ha aumentado y promovido el retroceso natural de los glaciares. Aunado a esto, el cambio climático impacta los glaciares y promueve el escurrimiento hasta su desaparición.

Aunque podemos observar a los volcanes cubiertos de capas blancas, esas son capas de nieve que podrían convertirse en hielo glaciar, sin embargo duran menos de una época invernal y el hielo glaciar se forma en, al menos, dos temporadas invernales a bajas temperaturas.

Los glaciares aportan una porción del agua dulce que escurre desde la cima de los volcanes. Su estudio contribuye al entendimiento del cambio climático global, pues a estas latitudes del planeta (latitud 20° norte) no existen otros monumentos iguales.

Si los seres humanos no modificamos nuestros hábitos de consumo, el cambio climático seguirá causando estragos, en muchos casos, irreversibles para la naturaleza. Lo anterior pinta muy complicado pues nosotros como especies comemos y respiramos combustibles fósiles, principales promotores del cambio climático actual.

HOTSPOTS: SITIOS DE ALTA BIODIVERSIDAD

«Hay un libro abierto siempre para todos los ojos:
la naturaleza».
Jean-Jacques Rousseau

Los hotspots de biodiversidad, también llamados ecorregiones prioritarias, son sitios en la superficie del planeta que presentan alta diversidad biológica y se encuentran amenazados por las actividades humanas. Técnicamente, los hotspots son regiones que resguardan al menos el 0.5% de plantas endémicas (aproximadamente 1,500 especies endémicas de plantas vasculares con flores) y que han perdido, al menos, el 70% de su hábitat original.

La importancia de los hotspots se visualiza claramente a continuación: sobre la extensión del planeta representan el 2,3% de la superficie, en contraste con esto resguardan el 50% de especies de plantas y el 77% de los vertebrados terrestres de todo el mundo. Realmente mucho ¿verdad?

¿Cuántos hotspots hay en México?
De acuerdo a Conservación Internacional (CI) existen 34 hotspots en el mundo. En México se presentan, total o parcialmente, tres de ellos: 1) Bosques de Pino-Encino de las sierras Madre (incluyendo la Sierra

Madre del Sur y el Eje Neovolcánico); 2) Mesoamérica, que incluye el sureste de México y las Costas del Atlántico, del Pacífico y la Cuenca del Balsas; y 3) la porción sur de la Provincia Florística de California.

Los tres hotspots presentes en México son un reflejo de la «megadiversidad» que existe en el país. Esta megadiversidad se refiere a la existencia de gran cantidad de especies en áreas minúsculas. Recordemos que biodiversidad se entiende como la variabilidad de la vida representada en genes, especies y ecosistemas. La elevada diversidad biológica del país se debe a factores como la posición geográfica, las condiciones climáticas, la topografía, la variabilidad de suelos, la historia evolutiva, entre otros.

El grupo selecto de países con mayor biodiversidad
Debido a la alta biodiversidad, México se encuentra en el selecto grupo de países que albergan el 70% de la diversidad de especies en el mundo. La lista la completan Colombia, Ecuador, Perú, Brasil, Zaire, Madagascar, China, India, Malasia, Indonesia, Australia, Papúa Nueva Guinea, Sudáfrica, Estados Unidos, Congo, Filipinas y Venezuela.

En México, la Comisión Nacional para el Conocimiento y Uso de la Biodiversidad (CONABIO) lleva a cabo a nivel nacional un programa de Regiones Prioritarias que pretende la protección de los hotspots mexicanos y otras áreas invaluables, por su alta biodiversidad, en el país.

Los hotspots del planeta se han originado por factores como la posición geográfica, la diversidad de paisajes, el aislamiento de los sitios, el tamaño de las áreas, la historia evolutiva relacionada a la cercanía de las zonas Neártica y Neotropical, y la diversidad cultural que ha promovido la domesticación de plantas y animales.

Es importante ser conscientes de la diversidad que nuestro país resguarda. Debemos esforzarnos por dar a conocer la magnitud de vida que se encuentra en nuestros bosques. Es necesario sensibilizarnos y percatarnos del tesoro natural con el que contamos. Se debe promover la protección de nuestros recursos naturales y hacer un esfuerzo por instaurar o mejorar la educación ambiental en nuestro sistema educativo.

Los seres humanos no conocemos lo que tenemos como para darnos el lujo de perderlo, y aun conociéndolo no nos podemos permitir perder nuestras riquezas naturales.

RESTAURACIÓN DEL PLANETA, DE VUELTA AL PARAÍSO

«Cuando un hombre mata a un tigre lo llaman deporte, cuando un tigre mata al hombre lo llaman ferocidad».
Kitiara

Desde que el ser humano se estableció en espacios determinados y dejó los hábitos nómadas, comenzó a emplear, con mayor avidez, los recursos naturales. Con el pasar de los años y el crecer de la población, el uso de los recursos se fue acentuando en todas las latitudes del planeta. El uso desmedido provocó un escenario de desgaste de los recursos y, actualmente, una situación que pone en riesgo la disponibilidad de más recursos para el uso de las futuras generaciones.

Hoy en día, más del 40% de los recursos naturales del planeta se encuentran en un estado de deterioro crítico. En México esta cifra alcanza el 50%, es decir, la mitad de los recursos naturales del país presentan daños debido al uso desmedido.

Ante semejante pérdida, ¿es necesario recuperar los recursos degradados? ¿Podemos evitar la degradación de nuestro planeta? ¿De qué herramientas disponemos para revertir los daños que hemos provocado? ¿Podremos regresar el planeta de vuelta al paraíso? Esperamos solventar estas dudas a continuación.

En primer lugar, no cabe duda que debemos recuperar los recursos degradados. Nuestras formas inadecuadas de usar los recursos nos han traído a este escenario doliente. Pero, ¿es solo recuperar por recuperar? ¿Por qué debemos recuperarlos? La respuesta es simple. Debemos recuperarlos porque necesitamos de la naturaleza para sobrevivir, necesitamos que nos provea de servicios ambientales que son tan triviales que no les otorgamos la justa dimensión. Por ejemplo, la cantidad y la calidad de agua están en función de la presencia de bosques en buenas condiciones; los bosques nos proveen de oxígeno, amortiguan tormentas, suministran alimentos, regulan el clima, son fuente de combustible, entre muchos otros servicios. Todos los servicios son gratuitos, solo tienen una condicionante, la presencia de ecosistemas en correcto funcionamiento.

¿Qué herramientas existen para recuperar la naturaleza perdida?

Una de las herramientas con las que el ser humano dispone en la actualidad para tratar de subsanar los daños provocados al ambiente se llama restauración ecológica. La restauración ecológica es una actividad científica que de forma intencional promueve la recuperación de un ambiente o un ecosistema que ha sido dañado, deteriorado o eliminado por completo. La restauración intenta alcanzar un estado previo a los daños. Pero, ¿hasta qué punto la restauración puede subsanar daños y retornarnos a un paraíso inmediato? Suena complicado. La restauración puede promover la recuperación, sin duda, pero en primer lugar requiere de gran cantidad de insumos para cumplir su fin. Estos insumos se traducen en dinero, dinero que se traduce en tiempo, tiempo que se traduce en extensión, y extensión que se traduce en ilimitada. Por lo tanto, la restauración ecológica puede ser tan costosa que no lo podemos visualizar y tan triste que sus historias nos pueden desalentar. La restauración ecológica es la puesta en práctica de todas las herramientas desarrolladas por la ciencia de la restauración la cual se denomina ecología de la restauración.

En fin, alcanzar el paraíso se ve muy complicado, ver ese paisaje prístino (antiguo o primitivo) en el que el ser humano no ha puesto un dedo resulta meramente utópico. No obstante la perseverancia de recuperar lo perdido y de que la vuelta al paraíso resulta imposible, de algo nos tenemos que morir en el intento, es decir, el esfuerzo debe hacerse ya que a este ritmo de pérdida se puede comprometer la disponibilidad de los recursos naturales para las siguiente generaciones.

Lo que actualmente nos debe ocupar es no llegar a una situación de degradación absoluta de nuestros recursos. El discurso y acción que debe fortalecerse es el de la prevención, resulta más económico conservar y aprovechar razonablemente los recursos de la naturaleza que procurar una recuperación una vez deteriorados. No es justo comprometer la disponibilidad de los recursos para las próximas generaciones, ni mucho menos dejarles la tarea de recuperar lo perdido en tantos años. ¿En qué mundo pretendemos que habiten nuestros choznos (hijos del tataranieto)? Se nos queda de tarea.

Las plantas más raras del mundo

> «Los raros, son los normales
> en el mundo de los diferentes».
> Marjha Stephanie Paulino Ojeda

Este artículo podría llamarse «Las plantas más bellas del mundo» pero lo que me puede parecer una hermosa planta (o viceversa), entre todas sus características, a otra persona le puede parecer una barbaridad, una aberración natural o un espectáculo extravagante. Nuestra visión del mundo y el medio que nos rodea está en función de la formación que hemos tenido a lo largo de nuestra vida. Cada quien ve su cada cual, las rarezas pueden ser para uno lo que para otro son el elixir.

Lo invito a leer esta pequeña reseña y elegir entre estos caprichos de la naturaleza cuáles son los más raros, bajo nuestra percepción, y cuáles le gustaría conocer en persona. También, lo exhorto a que en caso de interesarle alguna de las plantas la busque en Internet para conocerla de manera digital.

¿Plantas raras?

Iniciemos el viaje en Madagascar lugar donde se encuentra *Adansonia grandidieri* un árbol endémico de ese país insular que llega a medir hasta 40 metros de altura con troncos de 3 metros de diámetro. Se le conoce con el nombre común de «baobab» y es considerada la especie más grande de baobab en el mundo.

Atravesemos el océano Indico para llegar a una de las islas de Indonesia, llamada Sumatra, donde se encuentra la «flor cadáver» o «falo amorfo titánico», *Amorphophallus titanum*, una planta herbácea que desprende un intenso olor a carne podrida y que se le encuentra al internarse en las selvas tropicales de aquella isla. El aroma putrefacto cumple la función de atraer polinizadores útiles en la reproducción de la planta.

Continuando en Sumatra, caminemos un poco más al interior de la selva tropical para encontrar a *Rafflesia arnoldii*, una planta parásita que carece de hojas, brotes y raíces y que desarrolla la flor más grande del mundo pues mide cerca de un metro de diámetro. Se alimenta de los nutrientes presentes en otras plantas. Debido a los fétidos olores que expide y a su capacidad de producir calor, atrae a moscas carroñeras que permiten la polinización y reproducción de la planta.

Saltemos a las selvas brasileñas donde se encuentra *Aristolochia gigantea*, una planta trepadora que de acuerdo a los pobladores locales es útil para el parto. La planta presenta flores que pueden superar los 30 cm de largo y 12 cm de ancho. Presenta un uso ornamental pues no despide fétidos olores contrario a lo que sucede con la mayoría de las especies con las que tiene parentesco.

Nademos a las costas estadounidenses, particularmente a los estados de Carolina del Norte y Carolina del Sur, lugar del hábitat nativo de la planta carnívora *Dionaea muscipula*, denominada de forma común como «venus atrapamoscas» pues atrapa con rápidos movimientos a insectos y arácnidos. Los insectos le suministran el nitrógeno para que la planta forme sus proteínas y se desarrolle.

Brinquemos, súbitamente, a la porción asiática del oriente próximo para llegar al archipiélago Socotra, perteneciente a Yemen, y encontrar a *Dracaena cinnabari* el «árbol drago» reconocido por su copa en forma de semiesfera. En cierta época del año se le extrae una resina que en tiempos antiguos fue comercializada, ampliamente, debido a sus propiedades curativas.

Ahora los invito a viajar al Mediterráneo central y visitar el hábitat natural de *Dracunculus vulgaris*, una planta que expide un olor a carne putrefacta y desde su interior proyecta un apéndice delgado y negro muy llamativo.

Regresemos a África, en su porción sur, para conocer a la planta parasita *Hydnora africana* la cual crece bajo tierra, desde ahí emerge una flor carnosa con un olor a heces que atrae a polinizadores naturales como el escarabajo del estiércol. El escarabajo promueve la supervivencia y el éxito reproductivo de la planta.

Cansados de semejante travesía visitemos, sin salir de África, el desierto del Namib en los países de Angola y Namibia. En este desierto encontraremos a *Welwitschia mirabilis*, una planta desértica que crece de un tronco grueso bifurcando dos únicas hojas de crecimiento continuo. Vive aproximadamente entre 400 y 1,500 años.

Estas especies de plantas son endémicas, es decir, habitan en lugares restringidos del planeta. Muchas de ellas se pueden observar en distintos jardines botánicos a lo largo del mundo. Las «raras» formas presentes en estos organismos son producto de cientos de miles de años de evolución que las llevaron a alcanzar ciertas características en función de las exigencias del medio. La necesidad de permanecer como especie promovió el desarrollo de condiciones que facilitaran su reproducción y originaran formas como las que actualmente podemos observar en la naturaleza.

Insectos comestibles:
proteínas al por mayor

> «Resguárdate en mi boca pobre animal,
> el mundo es demasiado cruel para ambos».
> Anónimo

Degustando chapulines, parte importante de mi dieta, para completar mi buena dosis de quitina (polisacárido que conforma el exoesqueleto de los insectos), me surgen un par de preguntas que me gustaría resolviéramos juntos. ¿Por qué ingerir tan exóticas formas de vida (insectos en general)? ¿Quién se percató de la importancia nutrimental de estos animales?

No todos los insectos comestibles salen en televisión como objetivos de poderosos insecticidas infames. La verdad es que la diversidad de insectos comestibles en el mundo es amplia y ancestral. En tiempos de reciente conquista española, en 1521, ya se habían documentado la variedad de insectos comestibles que en aquellos tiempos habitualmente se ingerían. Fray Bernardino de Sahagún reportó, en el Códice Florentino, 96 tipos de insectos comestibles, tan solo en el valle de México y sus alrededores. En la actualidad se tienen documentadas 531 especies de insectos comestibles en México, equivalentes a la tercera parte de insectos comestibles en el mundo.

Si usted está habituado a excursiones o salidas al campo no se sorprenderá de la inmensa cantidad de insectos que rondan las noches, o los días, pues en realidad los insectos existen en cualquier parte de la vegetación: los hay en las hierbas, arbustos, árboles, en la tierra, en el aire, en el agua y en cada rincón que uno se imagine.

En diversas culturas alrededor del mundo se acostumbra la entomofagia, es decir, el consumo de insectos, los cuales se ingieren, y se han ingerido, como parte de la dieta diaria, ingestión, considerada por algunos, como un lujo y, por otros, una necesidad. Nuestros ancestros de algún modo se percataron del alto valor nutrimental con el que cuentan estos «animalitos». Pues, concretamente, los insectos se conforman de entre 28 y 81% de proteínas, la mayoría de las especies poseen de 55 a 65% de proteínas de buena calidad, mientras que los vegetales solamente tienen 14%. ¡Irónico! Además de las proteínas, los insectos contienen sales minerales, algunos son muy ricos en calcio, albergan vitaminas del grupo B y son una fuente importante de magnesio y lisina. Entonces, ¿por qué como tantos vegetales si los insectos tienen más proteínas? Imagino que por desconocimiento, por ignorancia, y por las arduas campañas de desprestigio hacia los insectos.

Los insectos que más se consumen, al menos en México, son: abejas, avispas, hormigas, termitas, mariposas monarcas, chapulines, chinches, gusanos de los palos, gusanos del nopal, gusanos de maguey, pescaditos, gusanos del maíz, entre muchos otros. Es frecuente ver en ciertos restaurantes platillos elaborados con piojos, chinches, gusanos, hormigas, abejas, termitas, escarabajos, chapulines, moscas, libélulas, jumiles (especie de grillos) o escamoles (huevos de hormiga roja).

Después de esto, espero que hayan perdido el miedo y la desazón a los insectos, por lo menos un poco, ya que pueden ingerir la misma cantidad de proteínas que la encontrada en la carne con clembuterol de los supermercados, pero sin clembuterol.

LOS 10 ANIMALES MÁS VENENOSOS DEL MUNDO

«Creo que los animales ven en el hombre
un ser igual a ellos que ha perdido de forma
extraordinariamente peligrosa el sano intelecto animal,
es decir, que ven en él al animal irracional,
al animal que ríe, al animal que llora, al animal infeliz».
Friedrich Nietzsche

Recientemente cambié de ciudad de residencia y ante ese escenario de nuevas calles y nuevos paisajes, además de mi paranoica percepción de bichos y animales que me asechan, resolví realizar una búsqueda de los animales más venenosos y letales del mundo para evitar toparme con uno o en caso contrario, al menos, distinguir a mi homicida.

La lista la encabezan serpientes y arañas
No es de sorprenderse que esta lista la encabecen serpientes y arañas pues son consideradas, por su veneno, animales letales con justa razón. Iniciemos este viaje platicando de las serpientes, animales de distribución mundial a las cuales se les achaca el mayor número de muertes de seres humanos en el mundo. Estos pasivos (mientras no se les moleste) y temerosos animales, provocan la muerte de 125 mil personas al año.

Serpientes venenosas

Visitemos a la más venenosas de las serpientes terrestres, el Taipan (*Oxyuranus microlepidotus*), se calcula que su veneno es 700 veces más tóxico que el de una cascabel y una descarga del mismo puede matar a 60 humanos. La serpiente se distribuye en las regiones áridas de la porción central del este de Australia. Su principal fuente de alimentación son las ratas.

La más venenosa de las serpientes en el planeta es una serpiente marina (*Laticauda colubrina*). Pasa el 90% de su vida en el océano, habita en arrecifes coralinos en busca de anguilas, peces y otras presas de las que se alimenta.

Arañas mortales

A continuación presentamos a tres lindas y escabrosas criaturas. La primera es conocida como la araña reclusa parda (*Loxosceles reclusa*), también llamada araña violinista o marrón; es una araña de hábitos nocturnos que tiene como base de alimentación a insectos, su veneno tiene acciones citotóxicas (tóxicos a las células) y hemolíticas (provoca la muerte de las células sanguíneas); su distribución se restringe a Estados Unidos y el norte de México.

La siguiente es la araña bananera (*Phoneutria nigriventer*), aunque existen diversas especies de arañas bananeras esta especie es considerada la más venenosa, algunos estudiosos la catalogan como la araña más tóxica del mundo; se encuentra en los bosques tropicales de Ecuador, Perú, Brasil, Surinam y Guyana.

Otra araña famosa es la viuda negra (*Latrodectus mactans*) una araña de hábitat terrestre, sedentaria, solitaria, caníbal y nocturna; se alimenta de insectos, chinches de madera e incluso de otros arácnidos; se le denomina viuda negra pues, generalmente, los machos después del apareamiento sirven de alimento a las hembras para asegurar una buena puesta de huevos.

¿Aves venenosas?

La única ave de este listado es una que restringe su distribución a Nueva Guinea. Por aquellas tierras es conocida como pitohui encapuchado (*Pitohui dichrous*). Su veneno lo presenta en plumas y piel, con él evita el ataque de los depredadores.

El más mortal de todos

La toxina se conoce como homobatracotoxina y pertenece al grupo de toxinas más letales que presentan los animales en el planeta. Hablamos de la rana punta de flecha (*Phyllobates terribilis*), su distribución es exclusiva del continente americano y pueden encontrarse en los bosques lluviosos tropicales de Nicaragua, Costa Rica, Panamá, Ecuador, Brasil, las Guyanas, Perú y Venezuela. Las ranas punta de flecha son diurnas y su alimentación se basa en cualquier insecto, aunque consumen preferentemente termitas. Algunas teorías mencionan que las termitas les otorgan la base de alcaloides para sintetizar su veneno. Es considerado, por muchos, el vertebrado más venenoso del mundo.

Peces letales

De vuelta al mar, pues ahí se encuentra la cuna de los más letales y coloridos animales. Por ejemplo, tenemos al pez piedra (*Synanceia horrida*) considerado el pez más peligroso; se alimenta de peces pequeños y crustáceos; su veneno no lo usa para el ataque sino para la defensa ante sus depredadores. El color de este pez es marrón o verde, ciertas subespecies pueden adquirir colores rojizos lo cual les da la habilidad de camuflarse entre las piedras y arrecifes. Los peces roca, como también se les conoce, tienen la capacidad de producir sus propias toxinas e inyectar el veneno a través de sus espinas. Habita en arrecifes de coral en aguas tropicales, prefiere aguas someras de zonas arenosas o rocosas.

Medusas y pulpos al ataque

Otro animal letal y de vida marina es la avispa marina o medusa de caja (*Chironex fleckeri*). Es un animal con un veneno tan potente que solo requiere unos 1.4 miligramos para matar a un humano adulto. El animal restringe su distribución a los mares del norte de Australia. Las avispas marinas se vuelven más mortíferas con la edad; las jóvenes que cazan camarones tienen veneno solo en el 5% de sus células urticantes, mientras que las adultas alcanzan a tener veneno en el 50% células urticantes, esto les permite cazar presas más grandes.

Igual de letal y de vida marina es el pulpo de anillos azules (*Hapalochlaena*). El pulpo presenta vistosos colores, no es más grande que una pelota de golf; el género *Hapalochlaena*, al que pertenecen estos pequeños pulpos, habita en el océano Pacífico. Su cuerpo está lleno de anillos que adquieren diversas formas sobre su piel y pueden cambiar de textura al momento de ocultarse. Cuando se ve amenazado, sus círculos adquieren vistosos tonos y pueden expulsar veneno neurotóxico que provoca parálisis muscular.

Se recomienda precaución, la mayoría de estos animales usan sus características letales para la defensa ante sus depredadores o frente a visitantes que deseen destruir su hábitat.

¿LOS ANIMALES SE SUICIDAN?

«Están las bestias… luego los bestias… Las bestias matan cruelmente para sobrevivir. Los bestias solo para disfrutar».
Anónimo

La respuesta al título es por supuesto que sí, nosotros los seres humanos somos animales biológicos y tenemos comportamientos, e incluso patrones, suicidas. Sin embargo, el título hace referencia al suicidio del resto de los animales, a los que la razón, supuestamente, no les rige.

En el caso de los seres humanos, el desarrollo de nuestras sociedades ha generado manifestaciones y modificaciones en nuestros comportamientos y en la conformación de un estado de raciocinio (lo que finalmente dicen nos diferencia del resto de los animales) que ha llevado al establecimiento de tensiones y que a su vez han provocado un patrón suicida en muchos humanos.

Con respecto al resto de animales, se han presentado decenas de casos de muertes masivas con lo cual se propone la existencia de animales suicidas. Como en todas las discusiones existen los que opinan que no se da el suicidio en los animales y los que dicen lo contrario, que los animales sí se quitan voluntariamente la vida (definición de la RAE de suicidarse), convirtiéndose en suicidas.

Sí existe el suicidio en animales

Los que argumentan que existe suicidio animal comentan que al igual que en los seres humanos los animales se estresan por diversas razones que los llevan a tomar medidas extremas como quitarse la vida ¿muy antropocéntrico no? Sin embargo hay investigadores e investigaciones que sustentan esta argumentación. Por ejemplo el Dr. Edmund Ramsden, investigador de la Universidad de Exeter, en Reino Unido, afirma que el cuerpo y la mente se dañan por el estrés hasta un estado en el que es más viable considerar la autodestrucción, esto no es necesariamente una elección sino que es parte de la naturaleza. Comenta que el suicidio en animales no debe verse como un acto voluntario sino como una respuesta natural a las condiciones del medio.

El grupo del doctor Edmund afirma que la negación del suicidio en los animales se da por tratar de ocultar ante las masas humanas que el suicidio es una situación de la naturaleza, señala que aceptar el suicidio como acto natural podría acarrear un aumento en los suicidios humanos.

No existe el suicidio en animales

Por otro lado, están los que afirman que el suicidio en animales no existe, su argumentación menciona que la mayoría de los casos de aparente suicidio animal en realidad se tratan de eventos que provocan daños físicos en los animales y que los llevan a la desorientación o a la enfermedad y, por ende, a su muerte involuntaria. También achacan los casos de muertes masivas a diversas enfermedades.

La mayoría de los casos reportados como suicidio animal se pueden atribuir a enfermedades o daños físicos causados por la actividad humana. Al parecer se hace referencia a un suicidio animal cuando las causas de las muertes masivas no están lo suficientemente claras, sin embargo los datos sustentan que la acción humana o distintas enfermedades naturales influyen en las muertes masivas de animales lo cual descarta el mencionado suicidio voluntario.

Las muertes masivas están asociadas a enfermedades no son suicidios

A continuación se mencionan algunos casos de muertes masivas de animales reportados alrededor de mundo.

En Canadá en 1997 murieron 1 millón de aves acuáticas por botulismo. En Uganda se reportó en el 2004 la muerte de 300 hipopótamos, las investigaciones encontraron que la causa de muerte fue un brote de ántrax. En 2010 National Geographic documentó la muerte de 10 mil ñus en Kenia ahogados al intentar cruzar un río movidos por su instinto de migración. En 2006 en Estados Unidos se dio el fenómeno de la desaparición de las abejas productoras de miel, la razón de este acontecimiento fue el Desorden o Síndrome de Colapso de Colonia, provocado posiblemente por pesticidas o virus, aunque aún no se ha descrito completamente; algunos investigadores señalan que la razón es la radiación emitida por las antenas de teléfonos celulares. También en Estados Unidos el Servicio Geológico (USGS; por sus siglas en inglés) ha detectado muertes masivas de pavos en Florida, patos salvajes en Minnesota, salamandras en Idaho debido a un virus, murciélagos en Texas debido a la rabia y aves en California.

Las ballenas y los delfines son los animales en los que se han reportado la mayoría de casos de aparentes suicidios alrededor del mundo. Se ha demostrado que los equipos de localización acústica empleados en maniobras navales interfieren en el sistema de ecolocalización que emplean las ballenas para desplazarse. Los daños físicos provocan su desorientación y muerte.

En la actualidad se sabe que diversos factores, naturales o no, pueden incidir en las muertes masivas de animales. Las razones naturales más comunes son la búsqueda de nuevos hábitats y alimento, el cansancio de ciertos animales en su viaje migratorio, su edad, cambios climáticos que provocan desorientación, enfermedades causadas por virus, bacterias, entre muchas otras causas.

Ustedes qué opinan, ¿los animales se suicidan? Al parecer no.

Bicicletas de bambú, pedaleadas verdes

«…siete años demora el Bambú Japonés para que solo crezcan sus raíces desde semilla. Sin embargo, durante ese séptimo año y en un período de solo seis semanas, la planta crece más de 30 metros. ¿Qué más decir? Para el humano la paciencia, la perseverancia y muchas más enseñanzas metafóricamente tienen que ver con esta planta. Mientras que ella, en su esencia, ha de saber que lo más importante es estar muy bien adherida al suelo; porque solo así el viento jamás podrá derribarla».

Anónimo

Cuando escuche por primera vez la existencia de bicicletas de bambú me sorprendí; mientras me fui adentrando en su ingeniería me percate de lo resistentes que pueden llegar a ser y sobre todo de lo amigables que son con el medio ambiente. Las bicicletas de bambú son prácticamente de última generación y llevan la bandera (que no importa que sea por moda) de las tecnologías verdes.

Empresa fabricante de bicicletas de bambú

La primera empresa en su tipo en México, Bamboocycles fabrica bicicletas hechas de bambú. El bambú se obtiene en el estado de Veracruz, se pone a secar durante seis meses expuesto al sol, el armado del cuadro (estructura principal de la bicicleta) es a base de bambú y emplea accesorios de soporte con materiales de fibra de carbono, aluminio y acero para armar una bicicleta de aproximadamente nueve kilos de peso.

Diseñadores industriales dan respaldo al proceso artesanal de la fabricación de las bicicletas; en la producción cada pieza de bambú es seleccionada una a una para comprobar su resistencia y posteriormente cada bambú, de cada bicicleta, se talla a mano.

Con pruebas certificadas de resistencia respaldan la fortaleza de cada una de las bicicletas que fabrican. Sin embargo, el uso recomendado para estas bicicletas de bambú es el ciclismo urbano y no los deportes de aventura.

Para los más interesados en el tema la empresa Bamboocycles ofrece el taller ¡Hazlo tú mismo! En dicho taller, en un fin de semana puedes aprender a armar tu propia bicicleta de bambú. Se recomienda consultar su página web para más detalles http://bamboocycles.com/

Los cuidados a tu bicicleta
Como a cualquier bicicleta es importante darle ciertos cuidados para procurar su duración y aumentar su tiempo de vida. En el caso de las bicicletas de bambú se recomienda no cargar con ellas más de 110 kg.; hidratar la madera una vez al mes con aceite para madera; limpiar la madera de lodo y polvo con frecuencia; mantener siempre las llantas a la presión adecuada; conservar las partes mecánicas siempre

limpias y engrasadas; y darle servicio completo a la bicicleta por lo menos una vez cada tres meses.

Beneficios al ambiente

A todo esto, ¿qué beneficios trae emplear bambú en las bicicletas? Muchos, veamos. Emplear la hierba de acero, como también se le conoce al bambú, permite reducir el consumo de energía y las emisiones de dióxido de carbono (CO_2), un gas de efecto invernadero. Asimismo, instaurar una cultura de andar en bicicleta y desplazar al automóvil permitirá emitir menor cantidad de gases a la atmósfera.

Los bambúes son plantas relativamente fáciles de propagar, son plantas vistosas y estéticas, tienen un amplio uso ornamental. Algunas plantas pueden alcanzar un poco más de 30 metros de altura y ofrecer considerable sombra. En los ecosistemas, los bambúes previenen la erosión del suelo y en suelos deteriorados por el sobrepastoreo recuperan la fertilidad de los mismos. Además, los cultivos de bambú generan un 30% más de oxígeno que los árboles y son las plantas que más carbono capturan. Incluso, existen alrededor del mundo cultivos de bambú donde a sus productores se les paga por servicios ambientales debido a la captura de carbono que otorgan al planeta.

Sin duda, las bicicletas de bambú son una gran alternativa para un consumo verde.

Francisco Guerra Martínez

HIERVE EL AGUA Y SUS CASCADAS PETRIFICADAS

«Un paisaje se conquista con las suelas del zapato,
no con las ruedas del automóvil».
William Faulkner

Desde niño te platican que para visualizar de mejor forma el relieve del estado mexicano de Oaxaca debes emplear una hoja de papel. Inicialmente, debes hacer «bolita» la hoja, después, al desenrollarla, efectivamente uno se da cuenta que está observando, con su singular geografía accidentada, un Oaxaca a escala donde cada rugosidad de la hoja de papel representa una montaña o una serie de cadenas montañosas. Esto es lo que caracteriza a gran parte del territorio oaxaqueño, sus montañas.

En esa colección de montañas se presentan diversos espectáculos naturales que, sin duda, se deben visitar al encontrarse de paseo por el sur de México. Por ejemplo, uno de esos espectáculos naturales es Hierve el Agua.

¿Qué es Hierve el Agua?
Hierve el Agua cuenta con un par de cascadas (30 m y 12 m), pero, no son cascadas comunes y corrientes. Las cascadas de Hierve el Agua se encuentran petrificadas, sí, están convertidas en materiales sólidos de origen calcáreo. Particularmente, el compuesto químico que ha dado origen a Hierve el agua es el carbonato de calcio ($CaCO_3$). Como referencia podemos mencionar que el carbonato de calcio es el principal compuesto que conforma las conchas de los caracoles. También, los huevos de aves y reptiles están

formados de carbonato de calcio. El único sitio en el planeta que presenta similitud con Hierve el Agua se encuentra en Pamukkale, Turquía.

¿Cómo se formaron?

En Hierve el Agua sigue emergiendo, de forma natural, agua carbonatada (compuesta por carbonato de calcio). Con el pasar de miles de años el agua ha permitido la formación de las cascadas; el agua carbonatada que escurre desde los manantiales y que cae al precipicio ha dejado en cada caída rastros insignificantes de su paso; cada pequeña dosis de carbonato de calcio ha formado el espectáculo que podemos apreciar hoy en día. Los miles de años que ha llevado la formación de las cascadas de Hierve el Agua son tan solo un parpadeo en la escala geológica de la Tierra.

La vista desde las pozas de Hierve el Agua cautiva a cualquiera. Su impactante panorama de una vegetación de selva baja caducifolia con trazas de bosque de encino permite que la mitad del año el paisaje se torne de un verde que hace juego con el color turquesa que burbujea de las pozas. El resto del año el sitio torna árido debido a que la vegetación se palidece parcialmente producto de la escasez de agua en la época de secas.

¿Por qué se llama Hierve el agua?

Cualquiera podría pensar que, como el nombre lo indica, el agua hierve en Hierve el Agua; sin embargo, esto no ocurre. Las aguas de Hierve el Agua cuentan con temperaturas que van de los 22 a 26°C durante el año. Sucede que en los manantiales del sitio el agua burbujea aparentando cierto hervor, esto no se da por la existencia de elevadas temperaturas sino por los gases minerales contenidos en el agua que al desprenderse generan pequeñas burbujas que permiten que el gas se escape.

¿Dónde se encuentra?

Hierve el Agua se encuentra en la agencia de San Isidro Roaguía que pertenece al municipio de San Lorenzo Albarradas dentro de la Sierra Mixe de Oaxaca, México. El sitio se ubica aproximadamente a 70 kilómetros de la capital del estado oaxaqueño.

¿Qué más hacer en Hierve el Agua?

Si estás dispuesto a la aventura, es recomendable tomar una ruta ciclista (turismo de aventura) por los parajes aledaños al sitio. También, es posible recorrer el sitio a pie (ecoturismo) y apreciar con mayor detenimiento la flora característica de la región. Un lugar recomendado es el ancestral sistema de riego utilizado por los antiguos pobladores del lugar; a partir de los manantiales se originaba un sistema de riego que mediante canales distribuía el agua a los alrededores. La construcción data desde hace 2500 años. Al final del día, existe la posibilidad de pernoctar en el sitio y continuar al día siguiente con la aventura.

En el sitio es posible degustar comida típica y beber *mexcalli* (origen de la palabra mezcal; en náhuatl *mexcalli* significa pencas de maguey cocidas). Se recomienda apreciar la producción artesanal del mezcal y degustarlo en el sitio.

Bacterias come petróleo

«Hay de derrames a derrames.
Un derrame cerebral puede matarte a ti.
Un derrame de petróleo puede matar a cientos».
Anónimo

En la historia reciente se han suscitado grandes derrames de hidrocarburos que han provocado un impacto ambiental negativo en los ecosistemas. Uno de los casos más conocidos de derrame de crudo se presentó en el Golfo de México, donde la plataforma Deepwater Horizon operada por la empresa británica BP se hundió en el mar el 20 de abril de 2010 provocando el derrame de más de cuatro millones de barriles de petróleo. Las consecuencias negativas de aquel suceso se siguen contabilizando por millares en los seres vivos.

El derrame en Deepwater Horizon se presentó en aguas oceánicas, sin embargo, en muchos casos, también sucede en la plataforma continental (en la tierra pues). En todos los escenarios de derrame de crudo, los hidrocarburos resultan tóxicos para los seres vivos y provocan un sinfín de daños al ambiente; daños que incluso llegan a ser irreparables o que requieren de decenas y hasta cientos de años para corregirse naturalmente.

El título de esta colaboración es muy sugerente y nos dirige a mencionar un método (ya consolidado y puesto en marcha en distintas partes del mundo) de biorremediación para recuperar las superficies (terrestres o acuáticas) que han estado, están y estarán expuestas a derrames de hidrocarburos. El método, que no es completamente novedoso, sin embargo, aún requiere de un gran número de estudios, consiste en emplear bacterias que naturalmente degradan y descomponen el petróleo, o alguno de sus derivados, en componentes más ligeros que sean asimilables con mayor facilidad por otros seres vivos en el ambiente.

Reparadores biológicos
Este es un objeto de estudio de la biorremediación, emplear seres vivos, generalmente de origen microbiano, para la recuperación de superficies expuestas a algún contaminante peligroso que impide el desarrollo de otros seres vivos; ejemplos de contaminantes son: fuga de componentes radioactivos, derrame de componentes enriquecidos en nitrógeno (aguas negras), entre muchas otras fuentes de contaminación ambiental.

El impacto de un derrame de hidrocarburos en el ambiente siempre es negativo; por ejemplo, inmediatamente del derrame los hidrocarburos pueden provocar la muerte de plantas y animales, las aguas subterráneas se ven contaminadas por la penetración de hidrocarburos al subsuelo, la consecuencia de esto es una contaminación local y regional del agua para el consumo humano (para uso agrícola o bebible).

Los nombres de los glotones que comen petróleo

La mejor forma de tratar un derrame de hidrocarburos es empleando diversas bacterias, reportadas en la literatura científica, que tienen la capacidad de degradar compuestos de altos contenidos de carbono e hidrógeno (hidrocarburos) en elementos más sencillos que pueden ser asimilados por otros microorganismos más comunes en el ambiente. Algunas de estas bacterias, que hoy hemos denominado Bacterias come petróleo y que son y pueden ser empleadas en la biorremediación de suelos y mares, son las siguientes: *Bacillus sp., Pseudomonas sp., Rhodococcus sp., Sphingomonas sp., Acinetobacter sp., Klebsiella sp., Chromobacterium sp., Flavimonas sp., Enterobacter sp.* Estas son, sin duda alguna, armas biológicas en beneficio de la naturaleza y armas de combate ante nuestras propias negligencias.

Francisco Guerra Martínez

CÓMO SABER SI UN SITIO ES VULNERABLE A UNA INUNDACIÓN

> «En una inundación,
> lo primero que escasea es el agua potable».
> Anónimo

Posiblemente está de más tratar de explicar qué es una inundación; es más, podría ser un insulto para los que las han padecido. Sin embargo, para ir de la mano y normalizar conceptos es necesario comentarlo.

¿Qué es una inundación?
Una inundación se refiere al cubrimiento temporal por agua de la superficie terrestre, cuando este cubrimiento sobrepasa la capacidad que tiene un terreno de soportar ciertas cantidades de agua, es decir hay más agua de la que un sitio puede absorber. Las inundaciones generalmente son producto de eventos hidrometeorológicos (por ejemplo lluvias ocasionadas por ciclones tropicales) que provocan una concentración de agua (por acumulación o escurrimientos desde partes más altas) ocasionada por la deficiencia del drenaje (urbano y natural).

Antes de continuar aclaremos a qué se refiere una vulnerabilidad; esta se refiere a la posibilidad de que un sitio sufra daño derivado de su exposición y sensibilidad frente a una amenaza o peligro y, además, de su incapacidad para recuperarse una vez que la amenaza ha causado una afectación. En pocas palabras un sitio es muy vulnerable a una amenaza si está expuesto y es sensible a la misma y, además, si no puede recuperarse rápidamente por medios propios.

Vulnerabilidad paso a paso
Los conceptos para entender la vulnerabilidad de un sitio a inundarse son los siguientes: 1) amenaza; 2) peligro; y 3) riesgo. Una amenaza causa un riesgo y provoca daño en la población, sus actividades económicas y su infraestructura, un ejemplo de amenaza es una lluvia torrencial. El peligro se refiere a la presencia de amenazas; mientras que el riesgo se entiende como la probabilidad de ocurrencia de daños materiales o humanos ante ciertos peligros.

Responsabilidad de las autoridades en las inundaciones
Las inundaciones en México, al parecer, se deben a causas naturales, sin embargo, existe una alta responsabilidad de las autoridades, no necesariamente las que están en turno; no es lo mismo construir una casa en un sitio que se encuentra a metros de un río que a kilómetros del mismo. En este sentido, las autoridades han permitido este tipo de actividades que en lugar de favorecer a las poblaciones, a largo plazo terminan afectando a las familias.

Ahora, ¿el lugar donde vives es vulnerable a una inundación? Los siguientes párrafos acabarán de responder la pregunta.

Características que pueden ocasionar inundaciones
La vulnerabilidad a inundaciones depende de los agentes y factores, es decir de las características, de un sitio. Los agentes son características del terreno (p.

Ej. Forma del terreno, plano o accidentado), mientras que los factores son condiciones del ambiente (p. ej. Existencia de deforestación [pérdida de bosques]). Diversos agentes y factores pueden influir en las inundaciones. Entre los agentes que influyen en las inundaciones se encuentran los siguientes: pendientes, altitud, tipos de suelo, tipo de vegetación, distancia a cuerpos de agua (ríos, presas, lagunas, arroyos), distancia entre centros de población, vías de comunicación a otras poblaciones, entre otros. Por su parte, entre los factores que inciden en las inundaciones se encuentran los siguientes: la modificación del régimen de precipitación (eventos de lluvias extremas) y la deforestación.

Por ejemplo, si vives en un área inclinada es menos probable que esta se inunde con respecto a lugares en sitios planos; si vives en la punta de un cerro, es prácticamente imposible que el sitio se inunde en comparación con sitios que se encuentran en las faldas del mismo cerro; si vives en sitios rodeados por concreto es más probable que se inunde en comparación con sitios en donde hay tierra que pueda absorber el agua; si vives en sitios cercanos a ríos, presas, lagunas o arroyos es altamente probable que en algún momento el sitio se inunde; si vives en un sitio con alto riesgo de inundación y está alejado de otros centros de población, además de la inundación, será difícil recuperarse del desastre por la distancia de la que podría venir la ayuda; finalmente, y muy importante, si vives en sitios donde se ha deforestado o talado los bosques, en combinación con otros factores antes mencionados, es aún más probable una inundación.

La tala de bosques provoca inundaciones

Una combinación de factores, naturales y ocasionados por el ser humano, pueden provocar severas inundaciones. Las lluvias extremas y la deforestación o tala de bosques resultan en una combinación letal y un ciclo repetitivo de inundaciones. Adivinen que, las inundaciones son ocasionadas, en gran medida, por la tala de bosque local y regional de cada sitio. Además, llueve más porque talamos más. Es fácil de explicar, si hay bosque, la vegetación captura el agua que llueve y el agua se queda en el bosque con lo que forma ríos y arroyos; si no existe bosque el agua que llueve se escurre rápidamente y provoca inundaciones en las partes bajas.

Para finalizar, hago un atento llamado a las autoridades para atender la correcta planificación urbana de los próximos años. Es importante considerar al momento de adquirir terrenos o lotes la existencia de amenazas alrededor del sitio de interés, no por barato se debe comprar cerca de algún cuerpo de agua, siempre de los siempre hay un riesgo inminente de inundación.

Ataques solares que provocarán apagones catastróficos

«Hemos soñado todos los sueños en la Tierra
y han crecido a orillas del sol».
Charles Van Lerberghe

Imagine que un buen día despierta sin energía eléctrica, sin poder encender la televisión o escuchar un buen programa radiofónico para estar al tanto del acontecer actual, todo esto mientras ingiere un buen desayuno. Peor aún, imagine no tener la opción de mandar un tuit o publicar en su muro una reacción del escenario que inicia con un apagón catastrófico. La era de la comunicación sin energía eléctrica sería un colapso innegable para nuestros tiempos. La mayoría de las cosas que realizamos giran en torno a la electricidad. No estamos preparados para su ausencia y quién sabe si lo estaremos.

¿Qué puede provocar semejante apagón?

El escenario anterior puede ser provocado por una tormenta solar. Mientras pasan los años aumenta la probabilidad de ocurrencia de intensas tormentas solares que se dirijan a la Tierra, las cuales podrían provocar apagones eléctricos en buena parte del planeta. La empresa *Predictive Science*, que realiza trabajos a la NASA y a las Fuerzas Aéreas de Estados Unidos, estimó en un 12% las probabilidades de que se produzca un evento solar muy intenso en los próximos años, probabilidad que aumenta al el tiempo.

Los antecedentes de este tipo de sucesos son: el evento de Carrington en septiembre de 1859, donde se observó una tormenta solar de grandes magnitudes ocasionada por una ráfaga solar que produjo eyecciones de masa coronal (erupciones magnéticas de plasma caliente que son arrojadas al espacio, o CME por sus siglas en inglés). Las erupciones abatieron la magnetósfera terrestre (región de interacción entre el campo magnético y el viento solar, se encuentra a una altitud entre 7,000 y 60,000 kilómetros) y provocaron el colapso de la incipiente red eléctrica y el sistema telegráfico europeo y norteamericano de ese tiempo. Otra situación similar se dio en marzo de 1989 con una tormenta solar que provocó el apagón de Quebec el cual paralizó la red eléctrica y dejo sin energía a seis millones de usuarios.

La tormenta de Carrington ha sido la más intensa que hemos registrado los seres humanos. La energía contenida en aquella tormenta es capaz de, hoy en día, quemar los transformadores eléctricos, dejar a millones de personas sin luz, agua potable, calefacción, aire acondicionado, combustible, teléfono, alimentos perecederos, medicinas y demás productos que requieran energía eléctrica. El colapso podría durar desde semanas hasta meses. Además, las tormentas solares provocarían aumentos de voltaje que inducirían la caída del sistema eléctrico, GPS y de navegación; por lo que traería apagones masivos, accidentes aéreos y demás efectos desastrosos.

Prevención ante la posible contingencia
La realidad es que las instituciones encargadas de la prevención en cada país no han invertido lo necesario

en vísperas de la potencial llegada de tormentas solares que puedan afectar la infraestructura tecnológica en el planeta. A excepción de países como Estados Unidos y Reino Unido, el resto no ha anunciado a su población el potencial peligro de las tormentas solares, más importante aún, no trabajan en la mejor forma de afrontar los problemas y proponer las soluciones.

Por si las dudas, recuerden las recomendaciones generales ante contingencias de cualquier tipo: preparar las reservas de agua embotellada y comida no perecedera por el tiempo que sea necesario para superar la contingencia, en el caso de los posibles efectos de las tormentas solares, se deben preparar reservas para un mes.

MÉXICO EN PELIGRO LATENTE POR TSUNAMIS

«Produce una inmensa tristeza pensar que la naturaleza habla mientras el género humano no escucha».
Víctor Hugo

Imagine que vive a orillas del mar en una bella y colorida casa que guarda todos los amaneceres y esconde todos los atardeceres. Ahora, imagine que en uno de esos amaneceres sale a tomar el aire puro, que todos los días le comparte el mar y el cielo, y en lugar de eso se topa con ¡una ola de 10 metros que va hacia usted y...! ¡Alto, alto! Demasiado trágico para ese bello lugar.

El Centro de Alerta de Tsunamis

La realidad es que las costas mexicanas, particularmente las occidentales, cuentan con un peligro latente por sismos que, a su vez, provoquen catastróficos tsunamis (en español es correcto decir maremotos). De acuerdo a investigaciones del Centro de Alerta de Tsunamis (CAT) de la Secretaría de Marina (México), históricamente se han registrado 60 tsunamis en la costa del Pacífico mexicano, esto en aproximadamente 250 años de registros; los tsunamis originados localmente han alcanzado olas de hasta 10 m de altura con promedios de olas de 5 m, mientras que los tsunamis de origen remoto han alcanzado olas de 2.5 m de altura.

En años recientes en México no han ocurrido tsunamis tan destructivos como los acaecidos en Chile (1960, 2010), Alaska (1964), Sumatra (2004) y Japón (2011). A pesar de lo anterior, el Centro de Alerta de Tsunamis asegura que no se puede descartar la posibilidad de la ocurrencia de tsunamis con esas características en las costas de México.

De acuerdo con el *Catálogo de Tsunamis (maremotos) en la Costa Occidental de México* de Antonio J. Sánchez y Salvador F. Farreras, se presentaron en el siglo XVIII cuatro tsunamis de características considerables, 10 en el siglo XIX y 24 en el siglo XX, no quiere decir que haya aumentado la frecuencia de ocurrencia, más bien que los métodos de medición han aparecido o se han mejorado.

Entre los eventos más intensos que han ocurrido en México se encuentran los siguientes: el 1 de septiembre de 1754, originado por un sismo que se localizó cerca de Acapulco y de San Marcos; el tsunami generado por el sismo provocó olas de entre 4 y 5 m de altura, lo que ocasionó la inundación de la plaza principal del puerto de Acapulco. El 28 de marzo de 1787 ocurrió un sismo de más de 8.0° de magnitud que provocó un tsunami que afectó diversas localidades guerrerenses, este tsunami es considerado uno de los más fuertes presentados en México; en mayo de 1787 el alcalde de Igualapan, Guerrero, describió el tsunami en la Gaceta de Acapulco de la siguiente forma: «El mar se vio correr en retirada, y luego crecer y rebosar sobre el muelle, repitiéndose esto varias veces por espacio de 24 horas… Algunos pescadores en la barra de Alotengo, a las once horas de ese día, vieron con asombro que el mar se retiraba, dejando descubiertas en más de una legua (aproximadamente 4 kilómetros) de extensión, tierras de diversos colores, peñascos y árboles submarinos, y que retrocediendo luego con la velocidad con que se había alejado, cubría con sus ondas los bosques de la playa, en que se internó más de dos leguas, dejando entre las ramas de los árboles al volver a su casa, muchos y variados peces muertos…».

El tsunami más destructivo en México

Otro de los eventos más fuertes sucedidos en México ocurrió el 22 de junio de 1932 donde un sismo de magnitud 7.7° originado cerca de Colima provocó el tsunami más destructivo de los producidos en la Fosa Mesoamericana durante el siglo XX. Una ola de más de 10 m causó la muerte de al menos 75 personas y provocó un centenar de heridos en Cuyutlán, Colima. La inundación ingresó tierra adentro en un kilómetro, los daños materiales fueron de entre 2 y 6 millones de pesos, las construcciones cercanas al mar (hoteles, residencias y casas) fueron destruidas completamente. Todo lo existente en una franja de 20 kilómetros de costa por un kilómetro tierra adentro fue destruido.

El periódico Excélsior, en 1932, relató dramáticamente el tsunami de la siguiente forma: «Dos o tres minutos antes de que viniera la ola, las aguas del mar se recogieron de manera violenta, y a medida que se retiraban, se hinchaban como si el líquido que retrocedía se fuera amontonando en capas, una sobre otra, hasta formar la apariencia de un muro monumental, no con el aspecto de una ola sino de un frente vertical, cortado a pico. Esta avalancha se retiró de 300 a 400 m., mar adentro y de pronto avanzó con violencia inusitada en dirección del pueblo. La dantesca avalancha avanzó destrozando y arrasando cuanto hallaba a su paso, derrumbando hoteles, casas, muros, enramadas, bodegas, palmas, etc., conservando su aspecto de muro de gran elevación, hasta que alcanzó el Hotel de Santa Cruz (situado sobre un médano alto de arena) estallando y cayendo en densa sábana sobre las construcciones y el pueblo todo que estaba a nivel inferior. Las casas y hoteles quedaron totalmente destruidos, y los lugares por donde pasaba la deforme mole líquida quedaban convertidos en playa llana. El Hotel Cevallos formado por tres construcciones de cemento armado quedó hecho pedazos, y los bloques diseminados en una extensión de varios centenares de metros. Tres minutos fueron suficientes para arrasar todo el balneario. En las charcas que dejó la formidable marejada, flotaban los cadáveres de niños y adultos ahogados. Un camión fue lanzado con tripulantes y todo desde la playa, a más de doscientos metros por sobre las casas. La calle principal quedó cubierta de enormes peces y tiburones de gran tamaño, así como escombros, heridos y ahogados. Palmas enormes fueron barridas. El mar arrastró cabezas de ganado vacuno, cerdos, perros, caballos, gallinas, etc. El fenómeno abarcó 7 kilómetros y la ola entró hasta la vía del ferrocarril que está a un kilómetro de la playa, dejando un hacinamiento de árboles y cadáveres de animales sobre la vía férrea. En Manzanillo, durante uno de los sacudimientos del temblor, el mar descendió aproximadamente 9 m su nivel normal y solo se recuperó dos horas después». Como pueden notar la destrucción de estos eventos no fue nada trivial, por el contrario fue catastrófica.

No obstante de que existen medidas, estrategias y herramientas de monitoreo constante en las costas mexicanas (p. ej. Red Mareográfica Nacional), la ciencia no logra aún prever este tipo de siniestros para alertar a la población con anticipación y evitar la pérdida de vidas. Dentro de la comunidad científica queda la labor de realizar estudios, por ejemplo, de series de tiempo (que seguramente ya se han hecho), para determinar los periodos de retorno de este tipo de sucesos y tener los cálculos aproximados de ocurrencia de los fenómenos. ¡Hay mucho por hacer!

No quiero pecar de alarmista pero debemos estar preparados ante estos eventos naturales, particularmente las personas que habitan en las zonas costeras; los maremotos no avisan, son súbitos, así como pueden ocurrir hoy o mañana pueden suceder dentro de 20, 50 o 100 años. No debemos ser incrédulos y pensar que el evento no se dará, la población debe adoptar medidas de prevención y alerta constantes ante cualquier tipo de contingencia.

10 SITIOS WEB IMPERDIBLES PARA INCREMENTAR LA PRODUCTIVIDAD

«El tener la posibilidad de dar y recibir información de todo el mundo a través de internet potencia la conciencia como jamás la televisión lo hizo».
Sherry Turkle

En la actualidad existe un gran abanico de sitios web que pueden resolver problemas en determinadas situaciones. Por ejemplo, existen plataformas amigables para diseñar contenidos y sitios web, convertir entre formatos de video y audio, almacenar toda nuestra información en la nube, diseñar presentaciones fuera de lo común, almacenar nuestras carpetas de trabajo, grabar nuestra actividad en pantalla, ingresar a la PC de casa desde el trabajo, programar el envío futuro de correos electrónicos entre muchas otras opciones.

La web es tan inmensa que no tenemos, posiblemente, una idea de las aplicaciones que nos esperan allá dentro. No todo se reduce a Facebook, Twitter, Youtube, correo electrónico y otras redes meramente inmensas. En la actualidad muchas plataformas web buscan un espacio en la mente de los cibernautas para ofrecerles soluciones a las problemáticas del día a día.

A continuación enlistamos las 10 páginas web que presentan contenidos extraordinarios para aumentar la productividad en cualquiera de nuestras actividades, lo mejor es que son totalmente gratuitas (aunque algunas requieren registro):

Lettermelater. Deseas enviarte recordatorios para alguna actividad que sucederá en meses o años, esta es la web que buscas. Lettermelater te permite programar el envío futuro de correos electrónicos cuando prefieras y a quien elijas. No más olvidos de fechas importantes, puedes enviarte los recordatorios que desees a tu propio correo.

Logmein. Si quieres ingresar a tu computadora de casa desde el trabajo o escuela entonces requieres instalar Logmein. Al instalar el software en una computadora y otorgar las credenciales de acceso, puedes ingresar a la misma computadora desde cualquier lugar del planeta con acceso a internet como si físicamente estuvieras ahí, esto es conectividad y acceso remoto. Logmein cuenta con diversos productos, desde los gratuitos hasta los de pago, la recomendación, obvia, es la versión gratuita pues permite el acceso hasta en 10 computadoras.

Wix. Quieres darte a conocer al mundo mediante una página web y no tienes idea de cómo hacerla, Wix.com debe ser la primera opción en tu lista pues permite diseñar páginas web increíbles sin el menor de los conocimientos en programación o informática. Si quieres tu página totalmente gratis tendrás que lidiar con un poco de su propaganda, también si lo deseas tienes la opción de comprar tu propio dominio (p. ej. www.cualquiercosa.com) y salir al mundo.

Cloudconvert. ¡Convierte cualquier cosa a cualquier cosa! Ese es el lema de la página. Sin duda Cloudconvert es uno de los más potentes conversores en línea pues permite la conversión entre 123 formatos de audio, video, documento, ebook, imagen, presentación y hojas de cálculo. Todo se realiza en la nube. No requiere registro.

Prezi. Una herramienta muy potente y amigable para diseñar, preparar y generar presentaciones electrónicas. Supera, por mucho, en dinamismo a Power Point de Office o a Impress de LibreOffice. Presenta tres versiones de uso, la primera es completamente gratuita, sin embargo la edición de las presentaciones y la visualización solo se realizan dentro de su web; la segunda opción es para uso académico, permite descargar las presentaciones y presentarlas sin internet (el registro se debe realizar con una cuenta propia institucional ya que no acepta Gmail, Hotmail, etc.); finalmente la tercera opción es de pago, permite la descarga de una aplicación donde se puede trabajar sin acceso a la red. Se encuentra disponible en español.

Dropbox. Es un servicio que permite almacenar tus archivos en la nube. La sincronización y almacenamiento de tu información en todos tus dispositivos nunca será más fácil. Tus computadoras, tablets, celulares y demás artilugios tecnológicos podrán compartir la información a través de este servicio en la nube. La restricción de este servicio es la capacidad irrisoria de almacenamiento que otorga pues inicia con 2 GB, afortunadamente siempre hay una opción de pago para los más exigentes. Está disponible en español.

Mega. Si requieres almacenamiento a gran escala debes conocer Mega, tiene una capacidad de almacenamiento de hasta 50 GB por cuenta (si requieres más espacio abres otra cuenta). Almacenas lo que desees, siempre estará disponible en la nube. ¡No más discos duros! Respalda en la web. Se encuentra disponible en español.

Screenr. Deseas generar video tutoriales para diseñar cursos y capacitar a tus alumnos, entonces debes utilizar Screenr. Esta web permite grabar nuestra actividad en pantalla sin necesidad de descargar alguna aplicación. Se encuentra disponible para Mac y PC. La restricción más sobresaliente es el tiempo de grabación pues permite solo 5 minutos, pero siempre hay alternativas, puedes grabar varias partes y después unirlas con otro software.

Hootsuite. Has detectado el potencial de la redes sociales para tu negocio pero no deseas estar pegado a la computadora las 24 horas, entonces debes considerar el uso de Hootsuite pues es una web que te permite programar, gestionar y enviar a fututo tus tuits o comentarios en las redes sociales sin tu presencia. Solo requieres invertir unas horas para programar los comentarios de la semana.

Mendeley. ¿Manipulas demasiados artículos, realizas investigaciones o gestionas demasiados archivos en tu computadora? Es urgente que empieces a usar este software. Mendeley es un programa gratuito que te permite gestionar tus archivos, artículos científicos y demás escritos que consultas para tus investigaciones. Es increíble ver cómo con solo clic Mendeley coloca toda la literatura que consultaste en tu investigación. Te ahorrará días enteros en organizar tu bibliografía.

Francisco Guerra Martínez

LAS 10 MEJORES PÁGINAS WEB PARA CAPACITARSE DESDE CASA

«Estamos rodeados de demasiados juguetes tecnológicos,
con Internet, los iPod…
La gente se equivocó. Yo no traté de prever,
sino de prevenir el futuro.
No quise hablar de la censura
sino de la educación que el mundo tanto necesita».
Ray Bradbury

Tener la opción de capacitarse desde la comodidad de tu hogar y de manera gratuita representa una ventaja invaluable; ya que en estos tiempos estar capacitado puede ser la diferencia entre triunfar profesionalmente o no. Por esta razón se recopilan aquí 10 de las mejores páginas web para capacitarse desde casa. Con un poco de paciencia y disciplina muchas cosas se pueden aprender en estas plataformas. Por ejemplo, entre otras cosas podemos capacitarnos en las siguientes áreas: idiomas, programación, matemáticas, medicina, finanzas, ciencia, informática, administración, entre muchos otros temas que servirán para afrontar los retos diarios. Lo único que se necesita es dedicación y gusto.

En la actualidad resulta importantísimo estar actualizado y capacitado con las últimas herramientas. En este sistema de competencias en el que nos encontramos, cada persona sale al ruedo con un centenar más de individuos que conocen lo mismo, incluso más, y compiten por un puesto; estar un paso delante de los demás es la clave del éxito.

Aprender desde casa

Duolingo. Hoy por hoy es la mejor forma de aprender otros idiomas en línea de manera gratuita y sin anuncios. Muchos se pueden preguntar, ¿en realidad es gratis? La verdad es que sí es gratis. La plataforma te permite aprender al mismo tiempo que ayudas a traducir textos reales, esto es lo que mantiene el sitio. Con Duolingo aprende un idioma mientras traduces internet.

Coursera. Es una plataforma que cuenta con una modalidad de educación abierta denominada «Cursos en Línea Masivos y Abiertos». La plataforma integra cursos en español, francés, italiano y chino. Los cursos ofrecidos en la plataforma son variados y de nivel universitario. En la actualidad la plataforma cuenta con más de 2 millones de usuario de todo el mundo y continúa en expansión. Recientemente, el American Council on Education (organización de Estados Unidos que conceden títulos, asociaciones y organizaciones relacionadas con la educación superior) le ha otorgado la acreditación universitaria a cinco de los cursos impartidos en Coursera.

Khan Academy. Es una de las plataformas pioneras en el aprendizaje en línea; su misión es proporcionar una educación de alta calidad para cualquier persona en cualquier lugar, está dirigida a la enseñanza en los niveles básicos (primaria y secundaria) en áreas como matemáticas, biología, química, física, humanidades, finanzas e historia. Funciona en diversas plataformas por ejemplo en el iPad. Tiene la opción de que contribuyas con el contenido o que subtitules contenido existente para hacer crecer la comunidad.

Udacity. De la misma forma que Coursera y Khan Academy, Udacity es una plataforma que ofrece cursos en línea masivos y abiertos, la diferencia con los otros grupos (Coursera y Khan Academy) es que Udacity es con ánimo de lucro. El costo de la plataforma es para solventar la certificación de sus contenidos; así, mediante la compañía de pruebas electrónicas Pearson VUE diversos cursos certifican y validan el conocimiento adquirido por los estudiantes. La plataforma consiste en aprender resolviendo retos, la plantilla de estudiantes continúa en crecimiento. En general el área central de conocimiento son las ciencias de la computación.

edX. Con motivo de la ola de sitios enfocados en la educación en línea, el Instituto Tecnológico de Massachusetts (MIT, por sus siglas en inglés), la Universidad de Harvard y la Universidad de California en Berkeley enfocaron esfuerzos en generar su propia plataforma de educación en línea no comercial, esta unión produjo edX. Aunque lleva poco tiempo en activo, con respecto al resto de proyectos, dadas las universidades que respaldan el sitio, el proyecto es muy prometedor. La interfaz de usuario es amigable y los cursos requieren una suscripción.

Lasmatematicas. Es una plataforma con contenidos multimedia e interactivos para aprender matemáticas a nivel básico (secundaria), medio superior (bachillerato o preparatoria) y superior (universidad). Con lasmatematicas puedes aprender a resolver cualquier problema de matemáticas que se te dificulte.

Código Facilito. Una plataforma en crecimiento con contenidos avanzados y de calidad. Las áreas de conocimiento que se imparten en código facilito giran en torno a las ciencias de la computación; puedes aprender a programar en JAVA, C++, Ruby, Python, Objective-C, HTML5, CSS, JavaScript, jQuery, PHP entre otras plataformas de programación. Actualízate e ingresa al grandioso mundo de la informática de la mano de este cocodrilito.

Codecademy. Otra modalidad para ingresar al mundo de la programación es a través de Codecademy, la cual es una plataforma interactiva de educación en línea con clases gratuitas de codificación en lenguajes de programación como Python, PHP, JavaScript, Ruby, HTML y CSS. Aprende de la forma más interactiva.

Came educativ@. Es una página para la capacitación del personal de pequeñas y medianas empresas (PYMES). Ofrece seminarios a distancia y presenciales que permiten fortalecer la competitividad de los recursos humanos que conforman las PYMES. Actualmente cuenta con 50 cursos de capacitación impartidos en un mes; cada usuario puede registrar hasta dos cursos.

OpenCourseWare. Es una plataforma que está abierta a la recepción de contenidos en todas las áreas de conocimiento. Todos los contenidos de la página están disponibles de forma gratuita para todos los usuarios en el mundo. Como muchas páginas, su servicio no cuenta con alguna acreditación o certificación. Sin embargo, puedes adentrarte y profundizar en diversos temas como física o periodismo, pasando por historia, economía, química, comunicaciones, derecho, ingeniería, entre muchas otras. Esta plataforma sigue la corriente del OpenCourseWare que se refiere a la publicación de diversos temas docentes denominados contenidos abiertos. Los contenidos publicados ceden algunos derechos de autor, como la distribución, reproducción, comunicación pública o generación de la obra derivada. Los temas abordados corresponden al nivel de la educación superior universitaria, tanto de grado como de posgrado.

Como ven solo es necesario ajustar nuestra disciplina y adentrarse al mundo del conocimiento desde casa.

¡Ahoy Filibusteros!

Ricardo Quit

El ejemplar que tienes en tus manos es un miembro de *"Filibusteros"* editado por el Consejo Nacional Para el Entendimiento Público de la Ciencia (Comprendamos) por medio de la tercera concejería dedicada a la divulgación, publicaciones y medios; así como del comité editorial de AlephZero (órgano oficial de comunicación y divulgación de Comprendamos).

La **Colección Filibusteros** es un gabinete de curiosidades con una visión científica del mundo que libera. Una colección de ensayos y obras de divulgación y/o comunicación social de la ciencia, la tecnología e innovación, sobre temas generales de ciencia, tecnología e innovación con enfoques comunes con la política, la economía, filosofía, la vida diaria y la educación. Se enfoca en el tratamiento histórico y geográfico de personas y sucesos en la ciencia. Nuestros Filibusteros luchan por la independencia del pensamiento, crítico y escéptico bien informado de los nuevos ciudadanos de la sociedad de la información basada en conocimiento.

Francisco Guerra es un científico polifacético, experto en estudio de los seres vivos, sus funciones y su entorno, *también* es Biólogo, doctorando en la Universidad Nacional Autónoma de México donde *también* cursó la Maestría. Es un especialista en el manejo de recursos naturales y en Sistemas de Información Geográfica que *también* ha dedicado sus intereses en la divulgación de la ciencia y la educación. Autor de libros de texto para bachillerato y de contenidos de divulgación de la ciencia en distintos medios impresos, digitales y radiofónicos. Es portador de la "**Presea Estatal de Ciencia y Tecnología Luis Rivera Terrazas 2017**" en la categoría de Divulgación, otorgada por el Honorable Congreso y el Consejo de Ciencia y Tecnología del Estado de Puebla.

Nuestro Filibustero nos comparte aquí su producción escrita en la que traduce sus conocimientos científicos a modo de divulgación, una Vulgata, edición para el pueblo que aspira un mejor entendimiento del mundo, razón para encomendar la portada a San Jerónimo, quien es acompañado de una ampolleta, tecnología pionera en la navegación, la medición del mundo, del tiempo y la preservación de la vida.

"Tiemblan mis maderos, tiemblan mis costados,
compartir el pan y también el ron,
hambre es tan fuerte como la marea y los vientos,
canto a la luna y entono esta canción"

San Felipe Neri, Puebla de Zaragoza. Agosto 2019

Índice

Ampolletas de Ciencia

COLECCIÓN
FILIBUSTEROS

Consejo Nacional para el
Entendimiento Público de la Ciencia A.C.

Dr. José Vitelio García Maldonado
Consejero Presidente

Ricardo Quit
Divulgación, publicaciones y medios

Alexander O'Madrigal
Ilustrador

www.comprendamos.org

**MÉXICO
2019**